ISSN 0044 - 2259

ZEITSCHRIFT FÜR ANGEWANDTE GEOLOGIE

HERAUSGEGEBEN VOM
ZENTRALEN GEOLOGISCHEN INSTITUT
IM AUFTRAG DES
MINISTERIUMS FÜR GEOLOGIE

AUS DEM INHALT

AKADEMIE-VERLAG BERLIN

HEFT 2
BAND 24
FEBRUAR 1978
SEITE 57–108

EVP 2,– M

34114

Die ZEITSCHRIFT FÜR ANGEWANDTE GEOLOGIE berichtet ständig über folgende Arbeitsgebiete: Geologische Grundlagenforschung und Lagestättenforschung / Methodik der geologischen Erkundung / Ökonomie und Planung der geologischen Erkundung / Technik der geologischen Erkundung / Geologie und Lagerstättenkunde im Ausland. In der Zeitschrift können alle strittigen Fragen der praktischen Geologie behandelt werden. Die Autoren übernehmen für ihre Aufsätze die übliche Verantwortung.

ISSN 0044-2259

Zeitschrift für angewandte Geologie

2/78

Herausgegeben vom Zentralen Geologischen Institut Berlin im Auftrag des Ministeriums für Geologie der Deutschen Demokratischen Republik
Verlag: Akademie-Verlag, 108 Berlin, Leipziger Straße 3–4

PANOW, B. S.

Zur Minerogenie von Gebieten autonomer Aktivierung, dargestellt am Beispiel des Donezbeckens

Z. angew. Geol., Berlin, **24** (1978) 2, S. 57–67, 3 Abb., 1 Tab., 27 Lit.

Das Donezbecken zeichnet sich, wie alle Gebiete mit autonomer Aktivierung der Erdkruste, durch geologisch-strukturelle, geophysikalische und andere Besonderheiten aus. Vom mittleren Devon über das Ende des Mesozoikums bis zum Känozoikum lassen sich drei tektonisch-magmatische Etappen ausgliedern, in die die Erzgenese der behandelten Region zu setzen ist. In der oberpaläozoisch-mesozoischen Zeit entstanden die Quecksilber-, Antimon-Quecksilber-, Fluorit- und Polymetallformation. Die aus geologischen, mineralogischen und Isotopenuntersuchungen gewonnenen Angaben weisen auf eine polygene und polygone Entstehung der Erzmineralisation hin.

FÖRSTER, W.; HÄHNE, R. u. a.

Zur Notwendigkeit komplexer geologischer Vorarbeiten für den Abbau von Tonlagerstätten

Z. angew. Geol., Berlin, **24** (1978) 2, S. 67–74, 7 Abb., 1 Tab., 5 Lit.

Beim Abbau von Lockergesteinslagerstätten kann es wegen unzureichender Beachtung der hydrogeologischen und bodenmechanischen Verhältnisse zu vielfältigen Komplikationen kommen. Nicht vertretbare Abbauverluste oder der Verzicht auf vorhandene Rohstoffreserven sind oft die unmittelbare Folge. Am Beispiel einer Tonlagerstätte werden Art und Umfang der hydrogeologischen und bodenmechanischen Erkundung sowie die komplexe Auswertung aller verfügbaren geologischen, hydrogeologischen und bodenmechanischen Angaben und Kennwerte dargelegt. Diese Untersuchungen ermöglichen bereits in einem frühen Stadium der Abbauvorbereitung Rückschlüsse auf die zu erwartenden bergbautechnologischen Probleme.

HÄHNE, R.; RASCHER, J.

Neue Erkenntnisse bei der Gewinnung und hydrochemischen Charakterisierung von Haftwässern

Z. angew. Geol., Berlin, **24** (1978) 2, S. 74–78, 3 Abb., 4 Tab., 17 Lit.

Als Beitrag zur Rekonstruktion der Genese von Haftwässern und in Fortführung früherer Arbeiten werden zunächst Erfahrungen bei der Gewinnung dieser Wässer aus gering permeablen känozoischen Gesteinen vermittelt. Die Bestimmung des Chemismus der Haftwässer mit Hilfe der Anfeuchtungsmethode nach KRJUKOW u. a. (1968) wird kritisch geprüft. Breiten Raum nehmen vorerst technisch nur schwer realisierbare Untersuchungen zu Isotopenverteilung und Edelgasgehalt in solchen Wässern ein. Erste δ^{18}O-Analysen und ermittelte physikalische Alter nach der He-Ar-Methode deuten auf eine sekundäre atmosphärische Beeinflussung des ursprünglich marinen Rupeltonhaftwassers hin.

WOLKOLAKOW, F. K.; POLIWKO, I. A.; AGALZOWA, E. N.; JAKOWLEWA, W. S.

Geologischer Bau und Erdöl-Erdgas-Führung im Aquatorialabteil der Baltischen Syneklise

(Referat: G. KATZUNG)

Z. angew. Geol., Berlin, **24** (1978) 2, S. 78–80

MAKSIMOW, S. P.

Untersuchung der dispersen organischen Substanz zur Bestimmung von Maßstäben der Erdöl-Erdgasbildung

Z. angew. Geol., Berlin, **24** (1978) 2, S. 81–84, 6 Lit.

Es werden Fragen lithologisch-geochemischer, chemischer, Isotopen- und anderer Untersuchungen der in den Gesteinen dispergierten organischen Substanz (DOS) und der flüssigen und gasförmigen Kohlenwasserstoffe behandelt. Entscheidenden Einfluß hat das Sedimentations- und das frühdiagenetische Stadium auf Konzentration und Zusammensetzung der Fraktionen der DOS und den Erhaltungsgrad. Die betrachteten Stadien der Lithogenese bestimmen die Verteilung der Erdöl-Erdgas-Muttergesteinsfolgen in den Sedimenten und haben entscheidenden Einfluß auf Bildung, Typen und Umfang der Kohlenwasserstoffe. Mit Hilfe einer modifizierten Materialbilanzmethode werden Maßstäbe der Emigrationsprozesse in den oberen 5 km des nichtmetamorphosierten sedimentären Deckgebirges berechnet.

THIERGÄRTNER, H.

Substantielle Rohstoffklassifizierung und -ausblockung in Kalkvorkommen

Z. angew. Geol., Berlin, **24** (1978) 2, S. 84–90, 9 Abb., 6 Tab., 7 Lit.

Es wird eine mathematisch gestützte Methode der substantiellen Rohstoffklassifizierung und -ausblockung in Kalkvorkommen vorgeschlagen und an einem hypothetischen Beispiel demonstriert. Im Ergebnis ihrer Anwendung wird ein Kalkvorkommen in Blöcke definierter substantieller Beschaffenheit und von unterschiedlicher Geometrie zerlegt. Die Blockgrenzen bestimmen sich aus allen in die Untersuchung einbezogenen Parametern. Die Methode erlangt ihre Wirksamkeit vorzugsweise dort, wo mehrere oder viele Parameter gleichzeitig zu beachten sind und wo eine Analyse der Bindungsverhältnisse die Existenz eines Mehrkomponentensystems mit unabhängigen Komponenten sichtbar gemacht hat. Die Methode ist über Kalkvorkommen hinaus für Klassifizierungen und Ausblockungen in beliebigen Gesteinen anhand beliebiger Parameter anwendbar.

KAEMMEL, T.; MÜLLER, E. P. u. a.

Sind $HgPb_2$ und (Hg, Pb), gebildet aus natürlichen Begleitkomponenten der Erdgase der Lagerstätten der Altmark, Minerale?

Z. angew. Geol., Berlin, **24** (1978) 2, S. 90–96, 4 Abb., 5 Tab., 37 Lit.

In den Erdgaslagerstätten im Rotliegenden der Altmark, deren Gase quecksilberführend sind, konnten während der Förderung in den unter- und obertägigen Installationen metallische Ablagerungen nachgewiesen werden, die blei- und quecksilberhaltig sind. Neben gediegenem Quecksilber und Blei wurden die beiden Amalgame $HgPb_2$ und (Hg, Pb) festgestellt. Die Identifikation der festen Bleiamalgame aus den Erdgaslagerstätten der Altmark erfolgte anhand des Vergleichs der Gitterparameter mit den künstlichen a- und b-Phasen des Systems Hg – Pb. Für das Bleiamalgam $HgPb_2$ wird nach der Lokalität seines Auftretens die Bezeichnung „Altmarkit" vorgeschlagen. Die Genese der Ablagerungsprodukte wird modellmäßig dargestellt. Das Auftreten der metallischen Beläge in den Erdgasfördereinrichtungen ist funktionell von der Strömungsgeschwindigkeit, den p/t-Bedingungen und den Konzentrationsgefällen der fluiden Phasen abhängig.

SEIFERT, A.

Methodischer Beitrag zur He-, Ne-, Ar-Isotopenuntersuchung an Grundwässern

Z. angew. Geol., Berlin, **24** (1978) 2, S. 97–100, 6 Tab., 15 Lit.

Es wird ein Ausblick auf die Anwendbarkeit von Edelgasisotopenuntersuchungen in der Hydrogeologie gegeben, die geochemischen Aspekte der Edelgasverteilung im Grundwasser diskutiert und die Möglichkeit physikalischer Altersbestimmungen auf der Grundlage radiogener Edelgasakkumulationen beschrieben. An ausgewählten Beispielen wird der methodische Ablauf der Isotopenuntersuchung demonstriert. Aus dem gewonnenen isotopenhydrogeologischen Aussagen und den berechneten Modellaltern lassen sich Hinweise über das Bildungsmilieu, die Genese und den Entstehungszeitraum der heute vorliegenden Wässer ableiten.

Autorenkollektiv

Radioaktive Elemente in den Gesteinen

(Referat: W. BEYER)

Z. angew. Geol., Berlin, **24** (1978) 2, S. 101–103, 12 Lit.

KRÜGER, P.

Die Entwicklung der Uranerzproduktion in Australien

Z. angew. Geol., Berlin **24** (1978) 2, S. 103–105, 8 Lit.

Die neuentdeckten und in den letzten Jahren systematisch erkundeten Uranlagerstätten Jabilooka, Ranger, Nabarlek und Kungurra (Nord-Territorium) Mary-Catleen (Mount Isa), Morin und West-Moreland (Queensland), From-Lake (Südaustralien) und Yilirri (Westaustralien) haben Australien in die Spitzengruppe der kapitalistischen Uranproduzenten aufrücken lassen. Die Vorräte an Uranerz betrugen Ende 1975 184000 t Erz der Kategorie 10 $/t, 105000 t Erz der Kategorie 10 bis 15 $/t und 3,5 Mill. t Erz der Kategorie 30 $/t. Mit einem weiteren Anwachsen der Uranvorräte und der Urankonzentratproduktion ist in den nächsten Jahren zu rechnen.

Zeitschrift für angewandte Geologie 2/78

Herausgegeben vom Zentralen Geologischen Institut Berlin im Auftrag des Ministeriums für Geologie der Deutschen Demokratischen Republik
Verlag: Akademie-Verlag, 108 Berlin, Leipziger Straße 3–4

PANOW, B.S.

On the Minerogeny of Areas of Autonomous Activation — Illustrated by the Donetz Basin

Z. angew. Geol., Berlin 24 (1978) 2, pp. 57–67, 3 Figs., 1 Table, 28 Refs.

The Donetz basin is distinguished by geological-structural, geophysical and other peculiarities, such as all areas with autonomous activation of the earth's crust. From the middle Devonian through the end of the Mesozoic to the Caenozoic three tectonic-magmatic stages must be distinguished, into which the ore genesis of the area under consideration must be placed. In Upper Palaeozoic-Mesozoic time the mercury, antimony-mercury, fluorite and polymetallic formations originated. Informations obtained from geological, mineralogical and isotopic investigations point at a polygenous and polygonal origin of the ore mineralization.

FÖRSTER, W.; HÄHNE, R., et al.

The Necessity of Complex Geological Preliminary Work for Mining Clay Deposits

Z. angew. Geol., Berlin 24 (1978) 2, pp. 67–74, 7 Figs., 1 Table, 5 Refs.

Owing to an insufficient consideration of hydrogeological and soil-mechanical conditions many complications may occur when mining loose-rock deposits, an immediate result of which are unjustified mining losses or the renunciation of existing raw material reserves. A clay deposit serves as an example to show the method and extent of hydrogeological and soil-mechanical exploration, as well as the complex evaluation of all geological, hydrogeological and soil-mechanical informations and characteristic values available. These studies make it possible to draw conclusions on mining-technological problems to be expected already at an early stage of mining preparation.

HÄHNE, R.; RASCHER, J.

New Knowledge of the Winning and Hydrochemical Characterization of Adhesive Waters

Z. angew. Geol., Berlin, 24 (1978) 2, pp. 74–78, 3 Figs., 4 Tables, 17 Refs.

Experiences made with the winnung of adhesive waters from slightly permeable Caenozoic rocks are described as a contribution to the reconstruction of their genesis and in pursuance of earlier studies. The determination of the chemism of adhesive waters by means of the moistening method according to KRYUKOV et al. is subjected to a critical examination, with studies of isotope distributiou and rare-gas content in such waters playing an important role for the present, in which, however, technical difficulties arise in attempting to realize them. Early $\delta^{18}O$ analyses and physical ages determined by the He-Ar method indicate secondary atmospherical influences on the originally marine adhesive water of septarian clay.

WOLKOLAKOW, F. K.; POLIWKO, I. A.; AGALZOWA, E. N.; JAKOWLEWA, W. I.

Geological Structure and Oil and Gas Content in the Aquatorial Portion of the Baltic Syneclise

(Abstracted by G. KATZUNG)

Z. angew. Geol., Berlin, 24 (1978) 2, pp. 78–80

MAKSIMOW, S. P.

Study of the Disperse Organic Substance in View of a Determination of Measures of Oil and Gas Formation

Z. angew. Geol., Berlin, 24 (1978) 2, pp. 81–84, 6 Refs.

Problems of lithological-geochemical, chemical, isotopic and other investigations are discussed of the organic substance dispersed in rocks, as are those dealing with liquid and gaseous hydrocarbons. A decisive influence on the concentration and composition of fractions of the dispersed organic substance and on the degree of preservation is exerted by the stages of sedimentation and early diagenesis. The distribution of parent-rock suites of oil and gas in the sediments is determined by the lithogenetic stages considered, by which the formation, types and extent of hydrocarbons are decisively influenced. By means of a modified method of regimen measures of processes of emigration are calculated in the upper 5 km of the non-metamorphosed sedimentary cover.

THIERGÄRTNER, H.

Classification and Blocking-out of Substantial Raw Materials in Limestone Occurrences

Z. angew. Geol., Berlin, 24 (1978) 2, pp. 84–90, 9 Figs., 6 Tables, 7 Refs.

A mathematically supported method of classifying and blocking-out substantial raw materials in limestone occurrences is suggested, and is illustrated by a hypothetical example. As a result of its application a limestone occurrence is decomposed into blocks of defined substantial constitution and of different geometry. The block limits are determined from all parameters included in the investigation. The method is mainly effective where several, or many, parameters must simultaneously be considered, and where an analysis of the bonding conditions gave evidence of the existence of a multicomponent system with independent components. The method, in addition to limestone occurrences, can be applied to classify and block out any rocks by means of any parameters.

KAEMMEL, T.; MÜLLER, E. P. et al.

Are $HgPb_2$ and (Hg, Pb) Minerals Formed of Natural Accesory Components of Natural Gases of Altmark Deposits?

Z. angew. Geol., Berlin, 24 (1978) 2, pp. 90–96, 4 Figs., 5 Tables, 37 Refs.

In Lower Permian gas deposits of the Altmark, whose gases contain mercury, metallic deposits containing lead and mercury could be detected during the production in installations below and above ground. The two amalgams $HgPb_2$ and (Hg, Pb) were determined in addition to native mercury and lead. The solid lead malgams from natural gas deposits of the Altmark were identified by a comparison of lattice parameters with the artificial α- and β-phases of the system Hg–Pb. In accordance with the locality of its occurrence the designation of „Altmarkit" is proposed for the lead amalgam $HgPb_2$. The genesis of the products of deposition is represented by a model. The presence of metallic coatings in gas-producing installations functionally depends of the rate of flow, p/t-conditions and concentration gradients of the fluid phases.

SEIFERT, A.

Methodical Contribution to the He, Na and Ar Isotope Analysis of Ground Waters

Z. angew. Geol., Berlin, 24 (1978) 2, pp. 97–100, 6 Tables, 15 Refs.

The applicability of rare-gas isotope analyses to hydrogeology is reviewed, discussing geochemical aspects of rare-gas distribution in the ground water and describing the possibility of physical age determinations on the basis of radiogenic rare-gas accumulations. By means of selected examples the methodical sequence of an isotope analysis is demonstrated. From isotope-hydrogeological statements obtained and model ages calculated informations can be derived on the environment, genesis and period of formation of present-day waters.

Collective Work

Radioactive Elements in Rocks

(Abstracted by W. BEYER)

Z. angew. Geol., Berlin, 24 (1978) 2, pp. 101–103, 12 Refs.

KRÜGER, P.

The Development of Uranium Ore Production in Australia

Z. angew. Geol., Berlin, 24 (1978) 2, pp. 103–105, 8 Refs.

As a result of uranium deposits newly discovered and systematically explored in recent years, such as Jabilooka, Ranger, Nabarlek and Kungurra (Northern Territory), Mary-Catleen (Mount Isa), Mroin and West Moreland (Queensland), From Lake (South Australia), and Yilirri (Western Australia), Australia has joined the leading group of capitalistic producers of uranium. At the end of 1975, uranium ore resources of the 10 \$/t category were 184,000 tons, of the 10 to 15 \$/t categories 105,000 tons, and ot the 30 \$/t category 3.5 million tons. A further increase of uranium resources and of the production of uranium, concentrate in the years to come is to be expected.

ZEITSCHRIFT FÜR ANGEWANDTE GEOLOGIE

Träger der Ehrennadel in Gold
der Gesellschaft für Deutsch-Sowjetische Freundschaft

BAND 24 · FEBRUAR 1978 · HEFT 2

Zur Minerogenie von Gebieten autonomer Aktivierung, dargestellt am Beispiel des Donezbeckens

PANOW, B. S., UdSSR

In der geologischen Literatur der letzten Zeit zieht das Problem der Minerogenie von Gebieten tektonisch-magmatischer Aktivierung der Erdkruste immer mehr die Aufmerksamkeit der Forscher auf sich. Diese Regionen, die auch als „Diva"-Gebiete, Scheitel-Block-Bereiche oder orogene Gürtel der Epitafeln bezeichnet werden, gehören zu einem besonderen Typ von Strukturen, die in ihrer Bedeutung den Geosynklinalen und Tafeln gleichwertig sind (BELOUSOW 1964). Die Minerogenie der aktivierten Gebiete wird durch einen spezifischen Komplex endogener Lagerstätten mit solchen genetischen Zügen charakterisiert, die nicht zu den gewöhnlichen Vorstellungen über den Zusammenhang von Erzlagerstätten mit der Entwicklung geosynklinaler Zonen oder Tafeln passen (SCHTSCHEGLOW 1968, 1975).
Im Zusammenhang mit dem oben Angeführten ist die Betrachtung der tektonisch-magmatischen und minerogenetischen Besonderheiten des Donezbeckens interessant, dessen geologische Position und metallogenetischen Züge bereits seit langem von den Geologen unterschiedlich bewertet werden (NALIWKIN 1962; SKARSHINSKIJ u. a. 1973).

Von den charakteristischen geologischen Besonderheiten des Großen Donbass und seiner nordwestlichen (bis zum Polesker Wall) und südöstlichen Verlängerung (bis Mangyschlak und weiter) ist vor allem die Zugehörigkeit zu einer der auf dem Territorium der UdSSR ausgedehntesten und durch geophysikalische Angaben deutlich fixierten Zone von Tiefenbrüchen (JANSCHIN 1965; MARTYNOWA 1969) mit N—W, E—W streichender Orientierung hervorzuheben, die unabhängig vom Streichen der sie kreuzenden verschiedenaltrigen Strukturen des Fundaments verläuft.
Nach vorliegenden geologischen Angaben urteilend, wird die Entstehung dieser Tiefenbrüche im Donbassgebiet dem mittleren Paläozoikum (D_2) zugeordnet, obwohl die Möglichkeit einer späteren Anlage nicht ausgeschlossen wird. Diese Tiefenbrüche im Sinne von PEJWE zerteilen die gesamte Erdkruste, verschieben die Moho-Fläche und verlaufen mit ihren Wurzeln bis in den oberen Teil des Erdmantels in einer Tiefe von über 200 km (GAWRISCH 1969).
Die längsgerichteten Randstörungen, die die hauptsächlichsten Teile der Pripjat-Manytscher- und Baranowitsch-Astrachansker transregionalen Brüche sind, teilten im Bereich der Russischen Tafel das Gebiet des heutigen Donbass vom Woronesher Schild im N und dem Priasowschen Kristallinmassiv im S ab und waren die Ursache für die Aktivierung ihrer geologischen Entwicklung. Das Abtauchen der entstehenden Senke führte zur Bildung einer mächtigen (über 12 km) Schicht kohleführender Sedimentgesteine des Karbons und Salzablagerungen des unteren Perms. Im engen Zusammenhang mit dieser Aktivierung der tektonischen Bewegungen stehen die Besonderheiten der Minerogenie und der Entwicklung des Magmatismus, dessen spezifischer Zug seine relativ schwache Ausprägung im Donbass und der überwiegend subvulkanische Charakter der hier dominierenden alkalischen effusiven Ganggesteine ist.
Eigentümlich ist der Tiefenbau der Erdkruste in diesem Gebiet. Er drückt sich in einer erhöhten Mächtigkeit der Basaltschicht (etwa 20 km) im Vergleich zur Granitschicht (etwa 15 km), in einer größeren Dichte der kristallinen Gesteine im Axialteil der Senke im Vergleich zu ihren Rändern wie auch in erhöhten Werten des Wärmeflusses aus (KASCHPUR u. a. 1971).
Diese geologisch-geophysikalischen Wesenszüge des Donezbeckens verweisen neben anderen charakteristischen Besonderheiten der Region auf die Berechtigung der Zuordnung zu den Gebieten mit autonomer tektonisch-magmatischer Aktivierung.

Die geologische Geschichte

des Donezbeckens, einschließlich der Besonderheiten der Verbreitung des Magmatismus und der Verteilung der endogenen Erzvorkommen und -lagerstätten, wird hauptsächlich durch die Entstehung und Entwicklung unterschiedlich orientierter Tiefenbrüche geprägt, die das kristalline Substrat in einzelne Blöcke aufteilen. Unter diesen Brüchen heben sich nach letzten Angaben E—W streichende, submeridionale und diagonal gerichtete Brüche heraus. Die Brüche selbst sind gewöhnlich als ausgedehnte (bis 100 km und mehr) Zonen mit einer Breite bis zu 20 km entwickelt, für die in den oberen Schichten der Erdkruste, im Deckgebirge, mächtige tektonische Störungen, brachiforme Faltung, die Entwicklung sowohl eines intrusiven als auch besonders eines effusiven Magmatismus, krasse Veränderungen der Mächtigkeiten und der faziellen Zusammensetzung der Gesteine wie auch relativ zahlreiche endogene Erzvorkommen charakteristisch sind.

Zur Norddonezker Tiefenbruchzone (Abb. 1) oder Nahtzone, die den Woronesher Vorsprung kristalliner Gesteine von der sedimentären Schichtenfolge des Donbass trennt, gehören die Kranorezker und Schewtschenkowsker Verwerfungen, die Marjewsker (Kamensker), Almasner, Norddonezker und Iljitschewsker Überschiebungen, deren Versetzungsamplituden 1 bis 4 km erreichen.
Eine interessante Besonderheit dieser mächtigen Störungen

Eingang des Manuskripts in der Redaktion: 8. 6. 1977.
Übers.: H.-J. PETRIK, Berlin.

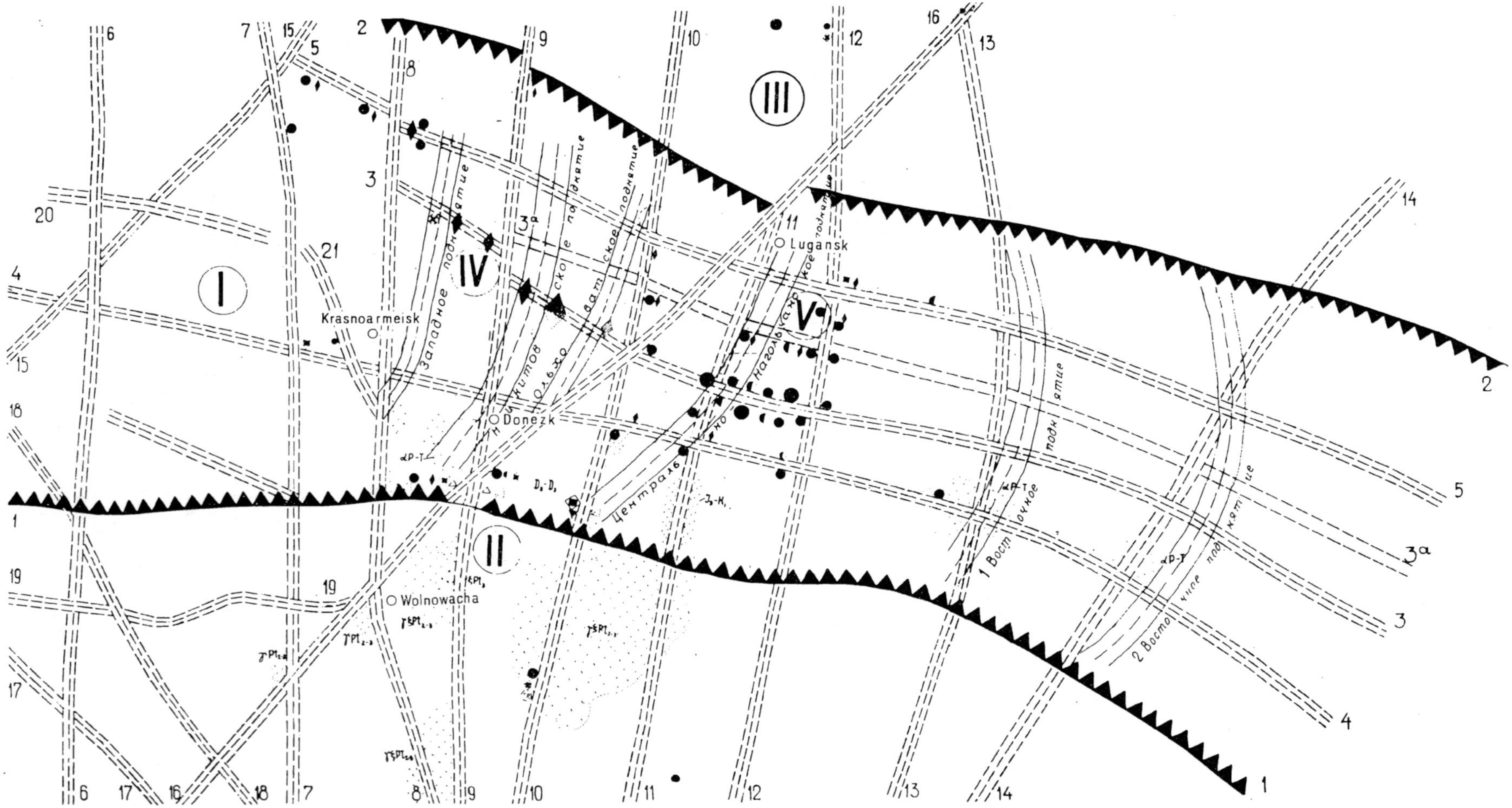

Abb. 1. Schema der Tiefenbrüche und der Erzmineralisationen im Donezbecken
Tiefenbrüche (nach GAWRISCH, GARKALENKO, BORODULIN u. a.):

E – W streichende Brüche (Längsbrüche):

1 – Süddonezker, 2 – Norddonezker, 3 – Zentraler Bruch (Störung der Hauptantiklinale), 3a – Medianbruch (Störung der nördlichen Antiklinale), 4 – Muschketow-Michailower (Persianowsker), Südworoschilowgrader (Lutuginsker),

Submeridionale Brüche (Quer- und Diagonalbrüche):

6 – Orechow-Charkower, 7 – Mangussk-Gubiner, 8–9 – Zone der Kertsch-Slawjansker Brüche, 10 – Kalmius-Aidar, 11 – Grusk-Jelantschinsker (Rowenkier), 12 – Minus-Derkul, 13 – Aksai-Kalitwa, 14 – Bataisk-Morosowsker, 15 – Tomakowka-Kupjansker, 16 – Wolnowacha-Kasanskaja, 17 – Sorokinsker Bruchzone, 18 – Kuibyschewer Bruchzone, 19 – Konka-Bruchzone, 20 – Michailowsker, 21 – Kriworosch-Pawlowkaer

= Querhochlagen (nach NIKOLSKI):

von W nach E: Westliche Hochlage, Nikitowskaer Hochlage, Olchowatkaer Hochlage, Zentrale (Nagoltschansker) Hochlage, 1. Östliche Hochlage, 2. Östliche Hochlage
dunkle Kreise, Quadrate u. ä. Signaturen: Lagerstätten und Erzvorkommen der Formationen und Subformationen

Blöcke des kristallinen Fundaments (in Kreisen):

I Krasnoarmeisk-Petropawlowkaer Block, II – Priasowscher Block (Übergangszone), III – Südflanke der Woronesher Anteklise, IV – Westdonezker Block, V – Zentraldonezker Block

ist ihre Mehrphasigkeit und Postumität der Formierung mit Inversionsspuren.

Nach Angaben von POPOW (1963) sind von der 1500 m großen Gesamtamplitude der Marjewsker Überschiebung 1200 m den Bewegungen der pfälzischen und kimmerischen Phase, 250 m der laramischen und 50 m der sawskischen tektonischen Phase der Orogenese zuzurechnen.

Die Süddonezker Tiefenbruchzone oder Übergangszone des Donezbeckens zum Priasowschen Block des Ukrainischen Schilds schließt die Nord-Wolnowachaer und Süd-Wolnowachaer Aufschiebungen, die Kriworosch-Pawlowkaer Verwerfung und den Michailowsk-Jurjewkaer Bruch ein. Die Kombination von Verwerfungs- und Aufschiebungsbewegungen bei diesen, wie auch einer Reihe anderer kleinerer Störungen führte zur Entstehung der Blockstrukturen vom Horst-Graben-Typ (Stylsker Horst, Pokrow-Kirejewsker Graben usw.). Erscheinungen der Mehrphasigkeit und Postumität der Formierung sind auch hier zu beobachten, sie sind jedoch noch unzureichend untersucht.

Der Zentrale Tiefenbruch ist nach geophysikalischen Angaben im Axialteil des Donezbeckens unter seiner Hauptantiklinale und ihrer NE-Fortsetzung zu verfolgen. Er fällt nahezu vertikal ein und dring durch die gesamte Erdkruste bis zur Moho-Fläche vor. Dieser Bruch spielte offensichtlich eine wesentliche Rolle bei der Entwicklung zahlreicher oberflächennaher, etwa E—W streichender Störungen der Hauptantiklinale (Achsenüberschiebung, Störung „Sekuschtschaja", Sulino-Konstantinowkaer Überschiebung u. a.) wie auch bei den Antimon-Quecksilber- und Polymetallagerstätten Nikitowka sowie der Nagolny-Gebirgskette in ihrem Achsenbereich.

Zwischen dem Zentralen und Norddonezker Bruch liegt der Lutuginsker Tiefenbruch, mit dem die Entstehung der Krasnodoner, Ural-Kaukasischen, Duwaner und anderer Überschiebungen zusammenhängt, wie auch die Medianstörung der nördlichen Antiklinale. Der von MAIDANOWITSCH ausgegliederte Muschketow-Michailower (Persianowsker) Tiefenbruch erstreckt sich ebenfalls in E—W-Richtung zwischen dem Zentralen und Süddonezker Bruch und erscheint, sich mit seinen Wurzeln in den Erdmantel fortsetzend, an der Oberfläche in Form zahlreicher Überschiebungen des Donezk-Makejewkaer und anderer Kohlegebiete.

Die submeridional streichenden Transversalbrüche spielen auch eine äußerst wichtige Rolle bei der Herausbildung der Struktur des Donezbeckens und der Verteilung endogener Erzvorkommen und Ganggesteine auf seinem Territorium. Von NW nach SE durchschneidet eine ganze Reihe submeridionaler Brüche das Donbassgebiet, unter denen die Brüche der Kertsch-Slawjansker Zone, der Kalmius-Aidarer, Grusk-Jelantschiksker, Mius-Derkul (Jelantschik-Rowenkier) und andere Brüche ausgegliedert werden. Sie rufen die transversalen wallartigen Hochlagen in den Ablagerungen des Deckgebirges hervor, worauf erstmals STEPANOW die Aufmerksamkeit lenkte. Vorstellungen über die wichtige Rolle der transversalen Hochlagen bei der Verteilung von Quecksilbervererzungen im Donbass wurden von NIKOLSKIJ (1962) und anderen Geologen entwickelt. Die Mehrzahl dieser Brüche wird auf dem Priasowschen kristallinen Massiv verfolgt. Ihr Weg ist hier durch intensive geophysikalische Anomalien, diskontinuierliche Dislokationen und Gangmagmatismus gekennzeichnet.

Die NE streichenden Diagonalbrüche sind noch unzureichend untersucht. Einer von ihnen — der Wolnowacha-Kasanskajaer Bruch — wurde von GAWRISCH nach geophysikalischen Angaben ausgegliedert und wird durch eine scharfe Veränderung der Isopachysen des Karbons an den Stellen seiner Trassierung im Donbassgebiet bestätigt. Das gesamte Becken vom alkalischen Oktjabrsker Massiv über den Süddonbassabschnitt mit seinen magmatischen Erscheinungen und das westliche Ende der nördlichen Antiklinale durchschneidend, setzt er sich im Bereich des Woronsher Kristallinmassivs fort. Obwohl die endgültige Lage und die Wechselwirkungen einiger Brüche noch nicht bis zu Ende geklärt sind, ist bereits jetzt klar, daß durch die oben aufgeführten Tiefenbrüche das kristalline Substrat des Beckens in eine Reihe von Blöcken zerteilt ist (Abb. 1). Unter ihnen werden die an den Donbass grenzende südliche Flanke der Woronesher Anteklise und der nördliche Teil des Priasowschen Massivs, der Krasnoarmeisker-Petropawlowsker Vorsprung und auch der Westdonezker und Zentraldonezker Block ausgegliedert, die durch den Kalmius-Aidar Tiefenbruch getrennt werden.

Die ersten drei Blöcke gleichen sich nach dem Charakter ihres Substrates und den Mächtigkeiten der Granit- und Basaltschicht und haben eine ähnliche Geschichte der geologischen Entwicklung einschließlich dem Auftreten von Magmatismus und endogener Mineralisation, was bei der Prognostizierung der Vererzungen unbedingt berücksichtigt werden muß.

Der Westliche und Zentrale Block unterscheiden sich durch ihre Besonderheiten erheblich von den oben beschriebenen Blöcken. Für sie ist vor allem die große Mächtigkeit der gefalteten Sedimentschicht, die im zentralen Beckenteil 20 bis 32 km erreicht, und die etwas geringere Mächtigkeit der Granit- und Basaltschicht charakteristisch. Bei einem relativ schwach ausgeprägten Magmatismus sind für diese Blöcke Lagerstätten und Erzvorkommen der Quecksilber-, Antimon-Quecksilber- und Polymetallerzformationen charakteristisch.

Erstere sind für den Westlichen Block typisch, während die polymetallische Erzformation charakteristisch für den Zentralblock ist. Offensichtlich ist diese Erscheinung nicht zufällig und kann mit der Geschichte ihrer geologischen Entwicklung, insbesondere mit der unterschiedlichen Mobilität in Zusammenhang gebracht werden. Der Zentrale Block war im Lauf seiner geologischen Geschichte beweglicher; sind doch an ihn die maximalen Mächtigkeiten der Karbonablagerungen gebunden, während er heute gegenüber dem Westlichen Block angehoben ist. Der letztere wird durch große Stabilität charakterisiert, obwohl einzelne seiner Teile ebenfalls Differentialbewegungen ausgesetzt waren. Die Bindung der niedrigthermalen Antimon-Quecksilber—Lagerstätten an stabilere Blöcke der Erdkruste wurde auch in anderen Erzprovinzen der Sowjetunion festgestellt, z. B. im südlichen Tienschan, so daß ein enger Zusammenhang zwischen der geologischen Entwicklungsgeschichte der tektonischen Blöcke der Erdkruste und den strukturellen Bedingungen bei der Lagerstättenbildung verzeichnet werden kann.

Die Blockstruktur des Fundaments komplizierend und durch die gesamte Erdkruste in den oberen Teil des Mantels eindringend, spielen die Tiefenbrüche nicht nur eine entscheidende Rolle beim Strukturbau des Donezbeckens und dem Auftreten disjunktiver Störungen, sondern auch bei der Aktivierung der magmatischen Tätigkeit. Auf der Grundlage geologischer und radiologischer Angaben werden in der Entwicklungsgeschichte des Beckens drei Etappen magmatischer Tätigkeit unterschieden, die den Zeitraum vom mittleren Devon bis zum Meso-Känozoikum umfassen.

Die 1. Etappe

des Magmatismus ist mit der Entstehung und Entwicklung regionaler Tiefenbrüche verbunden, die im konsolidierten kristallinen Substrat das aktivierte Gebiet des Donbass ausgliederten. Der magmatische Gesteinskomplex dieser Etappe ist hauptsächlich den Randstörungen der Region zugeordnet, und seine Bildung steht im engen Zusammenhang mit dem Anfangsstadium der Aktivierung.

Die im mittleren Devon entstandenen, tief in den Mantel eingedrungenen Spalten begünstigten den Erguß des Basaltmagmas in die oberen Schichten der Erdkruste und legten damit den Anfang für den Komplex der alkaliultrabasaltischen-gabbroidischen Gesteine. Der bekannteste Vertreter der Ablagerungen dieses Komplexes ist das Jelantschikmassiv der Nahtzone des Donbass zum Priasow, das etwa eine ovale Form und konzentrischen Bau hat, der durch die Ausbildung gabbroider Gesteine im Zentralteil hervorgerufen wird, die an der Peripherie mit Pyroxeniten, Oliviniten und Wehrliten wechseln. Die Bildung dieser Gesteine im mittleren Devon wird

neben geologischen Beobachtungen durch die Ergebnisse der Bestimmung des absoluten Alters von 408 bis 390 Mill. Jahren bestätigt (GONSCHAKOWA u. a. 1973).
Das zweite Stadium der Aktivierung der tektonischen Entwicklung der Region, die vom Ende des mittleren bis zum Beginn des oberen Devons verlief, bedingte das Auftreten des mitteloberdevonischen Gang-Effusiva-Komplexes von Diabasen und Basalten, die sowohl am Beckenrand als auch in seinem zentralen Teil im Gebiet mit Salzkuppelstruktur entwickelt sind. Nach der bedeutenden Mächtigkeit der Bedeckung der Effusivgesteine (bis 500 m) in der Übergangszone des Donbass zum Priasow und ihrer stark ausgeprägten alkalischen Neigung zu urteilen, durchlief der sich entwickelnde Süddonezker Tiefenbruch eine aktivere tektonische Zeit und drang tiefer in den Mantel ein als der Norddonezker Tiefenbruch, längs dem relativ geringmächtige (bis zu einigen zehn Metern) Vorkommen von Tholeiitbasalten bekannt sind.
In den alkalischen Basalten, Augititen, Trachybasalten, Limburgiten und anderen artverwandten Gesteinen der Effusivadecke der Übergangszone sind Xenolithe mitteldevonischer Intrusivgesteine enthalten. Die Bestimmung des absoluten Alters der Effusivgesteine ergab 355 bis 365 Mill. Jahre, was in Übereinstimmung mit den geologischen Angaben über ihr Alter steht.
Zu diesem Gesteinskomplex sind die Diabase des Slawjansker Gebiets und anderer Gebiete zuzurechnen, deren Bruchstücke als Bestandteile der Brekzien von Salzstöcken vorkommen. Erscheinungen des Diapirismus sind hier mit dem Aufstieg devonischer Salze verbunden, was auf das postsalinare, d. h. devonische und nicht unterpaläozoische Alter der Diabase deutet, wie das einige Geologen annehmen. Mit dem nachfolgenden Stadium der Anfangsetappe der Aktivierung hängt die Entstehung des Komplexes der alkalischen intrusiven Gesteine des Pokrow-Kirejewsker Gebiets zusammen.
Diese Gesteine durchstoßen die Effusivgesteine des Oberdevons, und ihre Bruchstücke sind im Basishorizont des Unterkarbons anzutreffen, was den Angaben bei der Ermittlung des absoluten Alters von 330 Mill. Jahren entspricht. Sie sind durch kleine stockartige Körper und Gänge der Nephelinsyenite und ihrer Varietäten vertreten: Malignite, Tinguaite, Sölvsbergite, phonolithartige Tephrite und auch Leucite.

Die petrochemischen Besonderheiten der Gesteine aller drei angeführten Komplexe, die altersmäßige Ähnlichkeit und die Gemeinsamkeit der strukturell-geologischen Bedingen ihrer Verteilung sprechen für ihre Zugehörigkeit zu einer einheitlichen mittel-oberdevonischen alkalisch-ultrabasischen, alkalisch-basaltischen Formation.

Die 2. Etappe

der Aktivierung in der geologischen Geschichte des Donbass hat entscheidende Bedeutung bei seinem Aufbau als Faltungsgebiet. Mit dieser spät variszischen orogenen Etappe hängt auch die Aktivierung der magmatischen Tätigkeit zusammen. Jedoch die zunehmende Mächtigkeit der Erdkruste und die wahrscheinlich etwas geringere Eindringungstiefe der Brüche in den Mantel bedingten einige spezifische Züge des Magmatismus, der durch Ablagerungen zweier Komplexe gekennzeichnet wird.

Der erste von ihnen — der Süddonezker intrusive Komplex gehört zur saalischen Phase der Orogenese ($P_1 - P_2$). Er wird geprägt von Zwischenlagern, Gängen und Stöcken alkalisch-basaltoider Gesteine: Shonkinite, Trachydolerite, Monzonite, Augitkersantite, Plagioporphyre und Grorudite, die die Ablagerungen des oberen Karbons durchstoßen, und deren Bruchstücke in den jurassischen Bildungen anzutreffen sind. Das absolute Alter dieser Gesteine beträgt 270 bis 290 Mill. Jahre (BUTURLINOW & SKARSHINSKIJ 1970).
Der zweite Komplex dieser Etappe — der Andesit-Trachyandesit-Komplex — ist mit der pfälzischen Phase der herzynischen Orogenese ($P_2 - T_1$) verbunden. Bruchstücke dieser Gesteine, die das obere Karbon durchdringen, sind in der oberen Trias festgestellt worden. Ihr absolutes Alter beträgt nach Angaben verschiedener Autoren 200 bis 300 Mill. Jahre. Die Gänge, Stöcke, schichtartigen und lakkolithähnlichen Lager dieser Gesteine, die durch Andesite, Andesitbasalte, Andesitdazite, Trachyandesite und Trachydazite vertreten werden, sind hauptsächlich an die submeridionalen Strukturen gebunden und vorrangig im südlichen Teil des Donezbeckens entwickelt.

Die 3. Etappe

Die dritte — die mesokänozoische Aktivierungsetappe wird sowohl in den nördlichen, als auch den südlichen Beckenteilen fixiert. Die Sprunghöhen der tektonischen Störungen dieser Etappe erreichen manchmal einige zehn oder sogar hunderte Meter (Abb. 2), so daß die Annahme über das Vorhandensein magmatischer Gesteine, die mit dieser Postfaltungsperiode im Zusammenhang stehen, vollkommen logisch ist. Bisher gibt es jedoch keine unbestreitbaren geologischen Fakten, die das meso-känozoische Alter der magmatischen Gesteine bezeugen, obwohl eine ganze Reihe von Beobachtungen und radiologische Daten dafür sprechen. So verweisen einige Forscher auf die effusive Tätigkeit, die im Jura an der Grenze des unteren Kelloways und oberen Baths entlang der Brüche des kristallinen Fundaments im NW des Donbass, im Übergangsgebiet zur Dnepr-Donez-Senke auftrat (USJENKO & JAMNITSCHENKO 1952).

Die jüngsten Fundorte alkalischer Basalte mit einem absoluten Alter von 80 Mill. Jahren in der Übergangszone des Donbass zum Woronesher Massiv, wie auch die effusive Basis der Gesteine mit einem Alter von 74 Mill. Jahren (SKARSHINSKIJ u. a. 1973) gestatten ebenfalls, die Existenz magmatischer Gesteine im Donezbecken anzunehmen, die an der Grenze des Meso-Känozoikums im Zusammenhang mit der alpidischen tektonischen Aktivierung entstanden sind. Die Ergebnisse der Be-

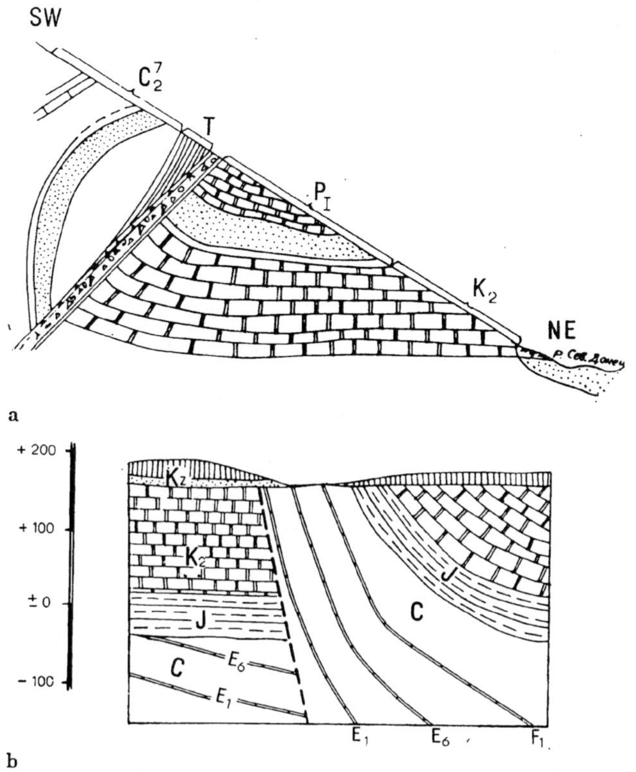

Abb. 2. Meso-Känozoische tektonische Bewegungen an der nördlichen und südlichen Begrenzung des Donezbeckens (nach POPOW 1936 und TKATSCHENKO 1964)

a Nordostgrenze des Donezbeckens — Profil bei Lissitschanks

Auf Paläogen und obere Kreide sind buntfarbige Gesteine der Trias und die kohleführende Schicht des Karbons überschoben

b — Südwestgrenze des Donezbeckens

Auf obere Kreide sind Gesteine des Karbons überschoben

stimmung des absoluten Alters der Lamprophyre des Mius-Gebiets (Monchiquit, Komptonit, Odinit) weisen auf die Möglichkeit ihrer Bildung in einer der kimmerischen Phasen hin, die unter der Bezeichnung „Donezker Phasen" bekannt sind. Mit einem Alter von 160 ± 12 Mill. Jahren sind diese Lamprophyre an die NE streichende submeridionale Zone gebunden, die subsequent auf den paläozoischen Strukturen liegt. Sie lagern in Form zahlreicher Gänge, die vom Jelantschik-Horst im S bis zum Gebiet der Nagolny-Gebirgskette im N verfolgt werden. Eine interessante Besonderheit sind die festgestellten explosiven Erscheinungen, von denen die Bildung dieser Gänge begleitet war. Im Gangmaterial wurden Bruchstücke von Graniten, Granitgneisen, aplitartigen Gesteinen und anderen kristallinen Bildungen mit einer Größe bis zu 40 bis 50 cm entdeckt, die aus einer Tiefe von mindestens 4 km bis zum Niveau des heutigen Erosionsanschnitts ausgetragen wurden. Nach seinen petrochemischen Besonderheiten gehört dieser Komplex miussischer Lamprophyre ebenfalls zur alkalisch-basaltischen Formation.

Es muß hervorgehoben werden, daß in der geologischen Geschichte des Donezbeckens Erscheinungen eines granitoiden Magmatismus fehlen, der für geosynklinale Gebiete kennzeichnend ist. Die gesetzmäßige Bindung an Tiefenbrüche und die deutliche Abhängigkeit der Bildung der magmatischen Formationen in Verbindung mit den tektonischen Aktivierungsetappen des Gebiets wie auch eine Reihe petrochemische Besonderheiten und die Gesetzmäßigkeiten der Verteilung der Spurenelemente in den magmatischen Gesteinskomplexen zeugen von ihrer Entstehung aus tiefen alkalischen Olivinbasalt- oder alkalisch-basaltoiden Magmaherden, die im Laufe der Zeit immer mehr Material der Erdkruste assimiliert haben und in ihr über längere Zeit bestehende Zwischenmagmaherde bildeten.

In engem Zusammenhang mit den festgestellten Besonderheiten der Entwicklung der Struktur und des Magmatismus steht die Verteilung endogener Lagerstätten und Erzvorkommen im Donezbecken. Sie werden in den nach ihrem Alter, der Zusammensetzung und den Lagerungsverhältnissen verschiedenen paläozoischen Ablagerungen angetroffen und liegen hauptsächlich in den Grenzen dreier Hauptstrukturelemente des Beckens: in den Übergangszonen zum Priasowschen Massiv und Woronesher Horst und in den an sie grenzenden, durch zahlreiche Störungen komplizierten Kleinfaltungsgebieten wie auch in der Zone mächtiger linearer Falten des zentralen Beckenteils (hauptsächlich der Hauptanklinale und ihrer nordwestlichen Fortsetzung, der Nördlichen Antiklinale und ihren angrenzenden Bereichen.) Die bestimmenden chemischen Elemente dieser Erzvorkommen sind: Hg, F, Sb, Pb, Zn, Cu und andere.

Lagerstättenführung und Erzformationen

In der Übergangszone zum Priasowschen Massiv sind kupfersulfidische Erzanzeichen in devonischen Effusivgesteinen, Epidot-Granat- und Vesuvian-Granat-Skarne mit hydrothermaler Co-Ni-Mineralisation und verschiedene Gangvorkommen bekannt, unter denen eine eigentümliche polymetallische Mineralisation in den Kalksteinen des unteren Karbons, sowie auch eine disperse polymetallische und Fluoritvererzung in den Sandsteinen des Devons hervorzuheben ist. Im östlichen Teil der Übergangszone ist die Pokrow-Kirejewsker Flußspatlagerstätte erkundet, während im westlichen Teil der Zone nicht nur eine Flußspat-, sondern auch Zinnobermineralisation entdeckt worden ist. Es muß auch an den Fund von gediegenem Kupfer unter den Argilliten und Aleurolithen des oberen Devons erinnert werden.

Die Hauptantiklinale des Donbass ist durch die Antimon-Quecksilberlagerstätten des Erzreviers von Nikitowka und die Quecksilberlagerstätten von Drushkowka-Konstantinowka, die polymetallische Mineralisation der Nagolny-Gebirgskette und auch die Werowsker Antimonerzvorkommen bekannt. Hier ist eine klare horizontale Zonalität festzustellen, die sich von NW nach SE in einem allmählichen Wechsel einer relativ niedrigthermalen Mineralisation (Hg, Sb) in den Gesteinen des oberen und mittleren Karbons und einer an die Ablagerungen des unteren Karbons gebundenen höherthermalen Mineralisation (Pb, Zn, As) ausdrückt. Sie ist wahrscheinlich eine Widerspiegelung der faziellen vertikalen Zonalität, die eindeutig beim Abteufen tiefer Basisbohrungen sowohl im Erzrevier von Nikitowka (mit 2400 m Teufe) als auch im Bereich der Nagolny-Gebirgskette (Ostrobugorsker Bohrung mit 1600 m Teufe u. a.) festgestellt wurde.

In der nördlichen monoklinalen Zone des Donbass, wie auch im angrenzenden komplizierten Kleinfaltungsgebiet, sind in letzter Zeit in den Ablagerungen des Karbons entlang der vorwiegend E—W streichenden tektonischen Zonen ebenfalls polymetallische Fluorit- und andere Mineralisationen entdeckt worden, die den am südlichen Beckenrand bekannten ähneln.

In allen aufgeführten Teilen des Donbass, einschließlich seiner Grenzgebiete, ist eine Bindung erzführender Gebiete an Einflußzonen tiefer E—W streichender Brüche, insbesondere an ihre Kreuzungsbereiche mit den submeridionalen und diagonalen Störungen, zu beobachten. Wenn man diese Tiefenbruchzonen als hauptsächliche erzkontrollierende Strukturen erster Ordnung bezeichnen kann, dann spielen die Faltenformen eine wichtige Rolle bei der Lokalisierung der Erzvorkommen, besonders die durch Kuppeln komplizierten Antiklinalfalten als Strukturen zweiter Ordnung.

Die Verteilung der einzelnen Erzkörper ist in der Regel von Strukturen dritter Ordnung — starker und schwacher Klüftung — abhängig, deren detaillierte Untersuchung es gestattet, den Mechanismus und die Bildungsfolge der erzführenden Strukturen zu ermitteln.

Alle Lagerstätten und Erzvorkommen des Donezbeckens können in Erzformationen vereinigt werden (Tab.), die, allgemein anerkannt, Gruppen von Erzlagerstätten bilden, die eine ähnliche stoffliche Zusammensetzung der Erze haben und unter nahezu gleichen geologischen und physikalisch-chemischen Bedingungen entstanden sind (MAGAKJAN 1969 u. a.). Es werden vier genetische Gruppen von Erzformationen im Aktivierungsgebiet des Donbass ausgegliedert: die eigentliche magmatische, die Skarn-, hydrothermale und sedimentäre Gruppe.

Zur ersten von ihnen gehören die Erzvorkommen der Titan-Magnetiterzformation, die an ultrabasische und basische Gesteine des Pokrow-Kirejewsker Gebiets gebunden sind. Die Skarnerzformation ist in der Übergangszone des Donbass zum Priasow bekannt und die der sedimentären Sulfiderze (Kupfersandsteine) im Bachmutsker Kessel.

Wesentlich zahlreicher und praktisch interessanter sind die Vorkommen hydrothermaler Mineralisationen, unter denen man bis zu zehn Erzformationen ausgliedern kann, die nach den Merkmalen des vorherrschenden Mineraltyps unterteilt werden (Tabelle).

Nach ihrer Bedeutung ist die Hauptformation im Donbass die Quecksilbererzformation, in der der auf den Lagerstätten des Erzreviers von Nikitowka entwickelte Quarz-Antimonit-Zinnobermineraltyp, die Dickit-Karbonat-Zinnober- und Karbonat-Realgar-Zinnobertypen, die für die Erzvorkommen der Drushkowka-Konstantinowkaer Antiklinale charakteristisch sind, und der Karbonat-Zinnobertyp der Dokutschajewsker Erzvorkommen im S des Beckens ausgegliedert werden. Die Anti-

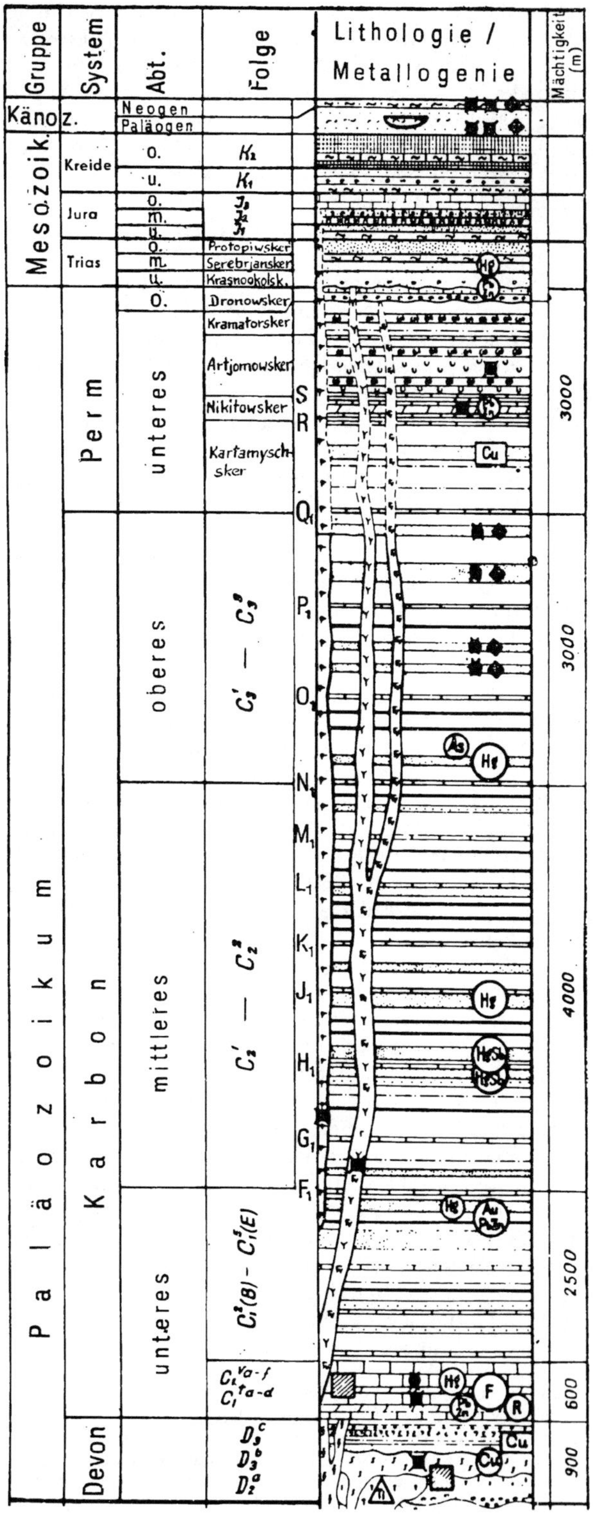
Gruppe
System
Abt.
Folge
Lithologie / Metallogenie
Mächtigkeit (m)
Känoz.
Neogen
Paläogen
Mesozoikum
Kreide
Jura
Trias
Protopiwsker
Serebrjansker
Krasnookolsk.
Dronowsker
Kramatorsker
Artjomowsker
Nikitowsker
Kartamyschsker
Perm
unteres
oberes
mittleres
Karbon
Paläozoikum
Devon
Cu
Hg
As
F
R
Au
3000
4000
2500
600
900

Abb. 3a

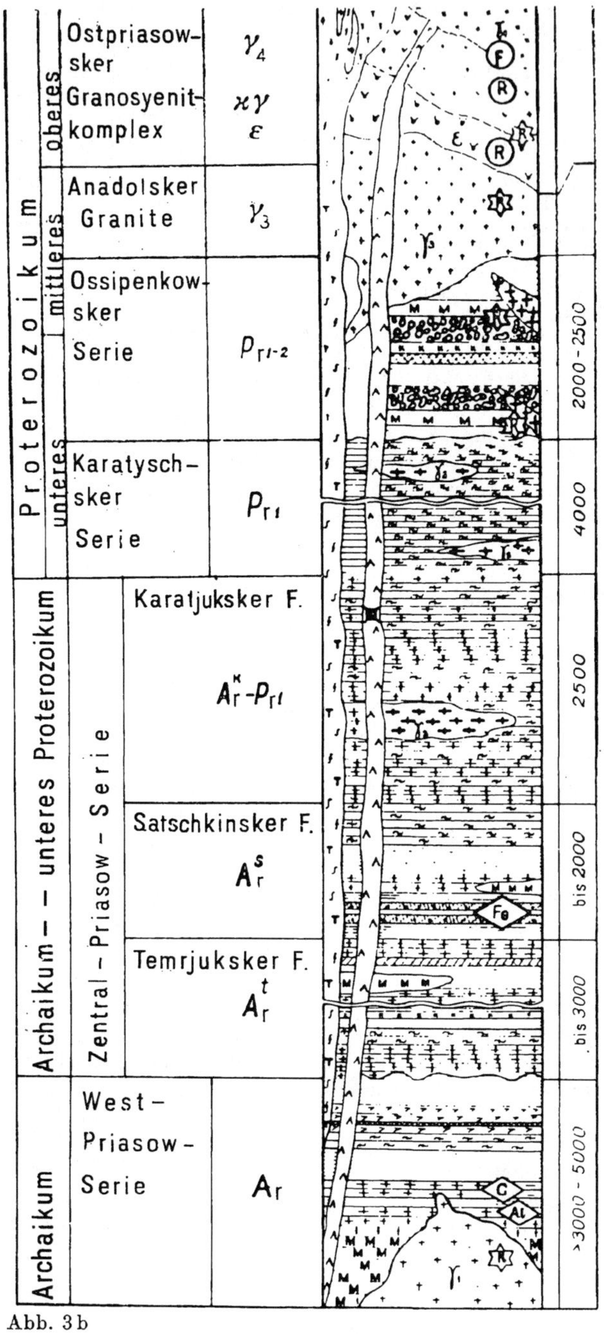
Ostpriasowsker Granosyenitkomplex
oberes
Anadolsker Granite
mittleres
Ossipenkowsker Serie
Karatyschsker Serie
unteres
Proterozoikum
Karatjuksker F.
Satschkinsker F.
Temrjuksker F.
Zentral - Priasow - Serie
Archaikum - - unteres Proterozoikum
West-Priasow-Serie
Archaikum
Fe
C
Al
2000-2500
4000
2500
bis 2000
bis 3000
>3000-5000

Abb. 3b

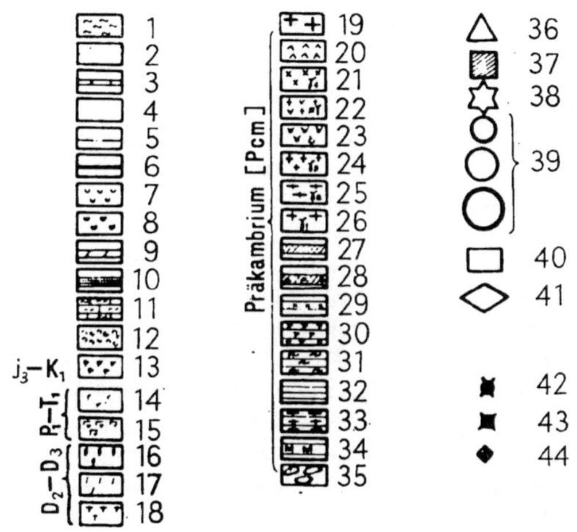
1
2
3
4
5
6
7
8
9
10
11
12
13
14
15
16
17
18
j3–K1
P2–T1
D2–D3
19
20
21
22
23
24
25
26
27
28
29
30
31
32
33
34
35
Präkambrium [Pcm]
36
37
38
39
40
41
42
43
44

monerzformation ist im Donbass durch den Quarz-Antimonmineraltyp vertreten; ein Beispiel dafür ist das Werowsker Erzvorkommen. Die komplexe Quecksilber-Polymetallerzformation ist im Übergangsgebiet des Donbass zur Dnepr-Donezsenke entwickelt. Sie ist an die Bruchzonen der kuppelartigen Hochlagen (Slawjansker, Beljajewsker, Korulsker u. a.) und die postsalinaren Brekzien der Diapire gebunden. Nach den Besonderheiten der stofflichen Zusammensetzung der Erze werden zwei Mineraltypen ausgegliedert: der bituminöse Karbonat-Zinnobertyp und der Karbonat-Galenit-Sphalerittyp, die nach Angaben von KUSNEZOWA (1970) nach der oberen Trias gebildet wurden. Im Erzrevier von Nagolny ist die polymetallische Erzformation ausgebildet, für die das Auftreten von Sphalerit, Galenit, Pyrit, Arsenopyrit, Boulangerit und anderen Mineralien charakteristisch ist.

Die polymetallische Erzformation ist mit den erwähnten Formationen verbunden. Dieser Zusammenhang tritt sowohl in den ähnlichen geologisch-strukturellen Besonderheiten als auch in der mineralisch-geochemischen Ähnlichkeit der Lagerstätten und Erzvorkommen auf. Für die polymetallische Formation kann man zwei Mineraltypen ausgliedern: den Quarz-Karbonat-Polymetalltyp und den Quarz-Chlorit-Ankerit-Polymetalltyp. Der erste von ihnen ist im Erzrevier von Nagolny entwickelt und wird ebenfalls in der Verbindungszone des Donbass und des Priasowschen Massivs angetroffen. Der zweite Mineraltyp tritt nach Angaben von SHULIDA in der Nördlichen Antiklinale des Donbass auf und wurde unlängst im Amwrossijewkaer Gebiet des Süddonbass entdeckt.

Die Blei-Zink-Erzformation wird durch einfache Erzzusammensetzung (Hauptminerale sind Sphalerit und Galenit) und die Bindung an Karbonatgesteine des unteren Karbons charakterisiert, die in den Übergangszonen vom Donbass zum Priasowschen und Woronesher Massiv entwickelt sind.

Die Fluoritformation, die im Gebiet Donbass-Priasow umfassend ausgebildet ist und deren Vorhandensein unlängst in der Zone Donbass-Südflanke des Woronesher Horstes festgestellt wurde, wird durch drei Mineraltypen vertreten: den Karbonat- (Feldspat) Fluorit- und Kalzit-Fluorittyp in den Gesteinen des Unterkarbons und den sulfidischen Quarz-Kalzit-Fluorittyp in den devonischen Arkosesandsteinen. Die im S des Beckens bekannte Pokrow-Kirejewsker-Fluoritlagerstätte kann als Beispiel für den ersten Mineraltyp dieser Formation dienen.

In der Südwolnowachaer Bruchzone sind Vorkommen der Kiesformation bekannt, in der der Chalkopyrit-Bornit-Mineraltyp in den devonischen Paläobasalten und der Pyrittyp, der in den Ablagerungen des unteren Karbons entwickelt ist (Stylsker und andere Vorkommen), ausgegliedert werden.

Relativ umfassend ist in verschiedenen Teilen des Donbass die nichtmetallische Quarz-Amethystformation ausgebildet, die in Abschnitten intensiver Verquarzung der Sandsteine oder Silifizierung der Kalksteine in Gängen oder Gangzonen vorkommt.

Alle diese Erzformationen, die im Zusammenhang mit den verschiedenen Etappen und Stadien der im oberen Paläozoikum beginnenden und im Mesozoikum endenden tektonisch-magmatischen Aktivierung der Region entstanden sind, schließen nach ihrer Größe, den Bildungsbedingungen und der Perspektivität verschiedene Lagerstätten und Erzvorkommen ein.

Abb. 3. Stratigraphisch-minerogenetisches Schema des Donezbeckens und des Priasow-Kristallmassivs

Gesteine: 1 — Tone; 2 — Sandsteine; 3 — Kalksteine; 4 — Argillite; 5 — Aleurolithe; 6 — Kohle; 7 — Steinsalz; 8 — Gips, Anhydrit; 9 — Dolomit; 10 — Kreide; 11 — Mergel; 12 — Tuff; 13 — Comptonit, Odinit, Menchiquite; 14 — Andesit, Trachyandesit u. a. ($P_2 - T_1$); 15 — Shonkinit, Monzonitporphyre, Kersantit u. a. ($P_1 - P_2$); 16 — Malinit; 17 — Paläobasalte; 18 — ultrabasische Gesteine; 19 — Pegmatit; 20 — Ganggesteine des Präkambriums; 21 — Granite des Kamenomogilsker Typs; 22 — Alkalische Granite, Granosyenit; 23 — Nephelinsyenit, Mariupolit; 24 — Granite des Anadolsker Typs; 25 — Anatektische Granitoide; 26 — Granite des Elisejewsker Typs; 27 — Quarzite; 28 — eisenhaltige Quarzite; 29 — Kalziphyre; 30 — Amphibolit; 31 — Migmatit; 32 — kristalline Schiefer; 33 — Gneise; 34 — Metabasite; 35 — Konglomerate

Lagerstätten und Erzvorkommen: 36 — magmatische Lagerstätten; 37 — Skarnerz; 38 — Pegmatiterze; 39 — hydrothermale Lagerstätten; 40 — sedimentäre Lagerstätten; 41 — metamorphogene Lagerstätten

Hg + Zinnober; HgSn = Zinnober, Stibnit; PbZn = Polymetalle, F = Fluorit, R = Akzessormineralisation seltener Metalle, Au = Gold, Cu = Kupfersulfid, Fe = Eisenerz, Al = Tonerde, C = Graphit

Minerale der schweren Fraktion und unlösliche Rückstände von Gesteinen: 42 — Gold; 43 — Zinnober; 44 — Diamanten

In diesem Zusammenhang ist die Ausgliederung natürlicher Gemeinschaften von zusammenhängenden Erzformationen zweckmäßig, die die Hauptzüge der Minerogenie des Donbass bestimmen. Einen solchen charakteristischen Komplex stellt die Reihe der Quecksilber-, Antimon-Quecksilber-, Fluorit- und Polymetall-Erzformationen dar. Diese Reihe ergänzt die in der Literatur bekannten zehn Erzformationsreihen für Tafeln und Geosynklinalen (MAGAKJAN 1969) und legt die Grundlage für ihre Ausgliederung in Gebieten autonomer Aktivierung.

Einschätzung der Perspektivität und Genesis

Die Einschätzung der Perspektivität der oben aufgeführten endogenen Bildungen ist eng mit der Kenntnis ihrer genetischen Besonderheiten verbunden, deren Klärung eine sehr komplizierte Aufgabe ist. Bei ihrer Lösung ist es im vollen Maße erforderlich, neben den geologischen Angaben die neuen Daten der Geochemie stabiler Blei-, Schwefel-, Sauerstoff- und Kohlenstoffisotope zu berücksichtigen. Die Ergebnisse der Untersuchungen von Bleiisotopen in 60 Galenitproben zeigen, daß die Zugehörigkeit der Mehrheit von ihnen zum I-Typ, das heißt zum anormalen Blei, das durch isotopische radiogene Zusätze, insbesondere Pb^{207} und Pb^{208} angereichert worden ist, eine charakteristische Besonderheit des Bleis im Donezbecken und seiner Übergangszone ist.

Die Nutzung der Isotopen als metallogenetisches Korrelationsmerkmal gestattet es, von einer umfassenden flächenmäßigen Verbreitung einer genetisch unotypen Vererzung in den Grenzen der Donezker metallogenetischen Provinz, insbesondere in ihrem Zentralteil und den angrenzenden Gebieten, zu sprechen. Aller Wahrscheinlichkeit nach haben wir es hier mit einer umfassenden Fläche zu tun, von der bisher nur die oberen Teile der paläozoischen erzführenden geologischen Strukturetage bekannt sind und auch die nicht überall.

In den Grenzen dieser Etage, die sich in der Vertikalen mindestens über 3 km erstreckt, ist die bereits oben angeführte mineralogische Zonalität anzutreffen, die sowohl durch die unterschiedliche geochemische Mobilität der Elemente als auch die physikalisch-chemischen Bedingungen der Erzbildung, aber auch wahrscheinlich durch die zeitliche Entwicklung der Erzausgangssubstanz hervorgerufen wurde.

Davon ausgehend, kann man die Existenz polymetallischer und vielleicht auch höherthermaler Bildungen unter den bekannten Antimon-Quecksilberlagerstätten der Hauptantiklinale und der Erzvorkommen im Bereich der Nordwestgrenze des Donbass vermuten.

Zu den Fragen der Genesis der endogenen Erzmineralisation des Donezbeckens übergehend, muß man feststellen, daß sowohl die geologischen Beobachtungen als auch die geochemischen Angaben auf ihre polygene Entstehung hinweisen. Die Bildung von Erzen der an die ultrabasischen intrusiven Gesteine (Pyroxenit) gebundenen Titan-Magnetit-Formation und der eng mit den basischen effusiven Gesteinen $D_2 — D_3$ verbundenen Kupfersulfidformation in der Anfangsetappe der Aktivierung ist bedingt durch die juvenile Gruppe der Erzausgangsstoffe im Sinne von SMIRNOW (1976).

In der zweiten Aktivierungsetappe formierten sich vorwiegend mittel-, aber auch niedrigthermale Lagerstätten der Fluorit- wie auch der Polymetallformation. Ihre Ver-

Tabelle. Die Erzformationen des Donezbeckens

Genetische Gruppe	Erzformation	Mineraltyp	Charakteristische Mineralassoziation	Strukturell-morphologischer Typ	Nebengesteine	Veränderungen der Gesteine in Erznähe	Verbindung mit Magmatismus	Beispiele
1	2	3	4	5	6	7	8	9
Hydrothermale, Niedrigtemperatur	Quecksilber Subformationen: Quecksilber, Antimon-Quecksilber, Arsen-Quecksilber	Quarz-Antimonit-Zinnobertyp	Zinnober, Antimonit, Pyrit, Arsenopyrit, Quarz, Dickit	Vererzung im Topbereich der Hauptantiklinale, durch Brachyfalten und tektonische Störungen kompliziert. Erzkörper in Form von Stockwerken, Nestern, Flözen und Gängen	Sandsteine, Aleurolithe des mittleren Karbons (Serie $C_3 - C_2$?)	Verquarzung, Argillitisierung	Entfernte paragenetische mit kleinen Intrusionen subalkalischer Gesteine der meso-känozoischen Aktivierungsetappe – Derivate subkrustaler basischer Magmen in Tiefenbruchzonen	Erzfeld von Nikitowka
		Dickit-Karbonat-Zinnobertyp	Zinnober, Pyrit, Markasit, Kalzit, Siderit, Dolomit, Dickit, Bitumen	Mineralisierte Bruchzone im Topbereich der Hauptantiklinale. Erzkörper in Form von Stockwerken und Nestern, sattelartige Erzkörper	Sandsteine des mittleren und oberen Karbons	Karbonatisierung Argillitisierung Verquarzung Bituminisierung		Erzvorkommen der Drushkowker-Konstantinowkaer Antiklinale
		Karbonat-Zinnobertyp	Zinnober, Pyrit, Kalzit, Dolomit, Fluorit, Quarz	Erzkörper in Form von Nestern und Stockwerken in der Zone des Süddonezker Tiefenbruchs	Dolomitisierte Kalksteine und Dolomite des unteren Karbons	Karbonatisierung Verquarzung		Dokutschajewsker Erzvorkommen
	Antimon	Quarz-Antimonittyp	Antimonit, Zinnober, Quarz, Dickit, Serizit	Mineralisierte Zone der Brüche im Topbereich und der Nordflanke der Hauptantiklinale. Gänge und Nester	Quarzsandsteine des mittleren Karbons (Serie C_2)	Verquarzung Serizitisierung		Werowsker Erzvorkommen
Mittel- und Niedrigtemperatur	Quecksilber-Polymetall	Bitumen-Karbonat-Zinnobertyp	Zinnober, Pyrit, Sphalerit, Kalzit, Quarz, Bitumen, Barit, Juvelit	In Bruchzonen der Salzdiapire und in Störungen der Kuppelstrukturen des nordwestlichen Teiles des Donezbeckens	Über dem Salz lagernde Brekzien devonischer Ablagerungen, Sandstein u. a. terrigene Bildungen $P_2 - T_3$	Karbonatisierung Verquarzung Bituminisierung Argillitisierung	Nach der Entstehungszeit polychrone, nahe den Erscheinungen in der Region subvulkanischer Magmatismus alkalibasaltoider und Andesit-Trachyandesit-Zusammensetzung im Endstadium der mittleren (postherzynischen) und den Anfangsstadien der Endetappe (meso-känozoische) der tektonisch-magmatischen Aktivierung	Slawjansker Kuppel
		Karbonat-Galenit-Sphalerittyp	Sphalerit, Galenit, Pyrit, Markasit, Zinnober, Kalzit, Dolomit, Quarz, Barit, Fluorit, Dickit, Bitumen	Stockwerke, Nester, Linsen- und gangförmige Erzlager				Beljajewskaer, Nowo-Dimitrijewsker und andere Kuppeln
	Polymetall	Quarz-Karbonat-Polymetalltyp	Sphalerit, Galenit, Boulangerit, Pyrit, Arsenopyrit, Quarz, Ankerit, Donbassit, Kalzit, Barit	Brüche und Faltungszonen im Topbereich der Hauptantiklinale, Gleit- und Zugspalten, die den Süddonezker Tiefenbruch überprägen. Gänge, Schmitzen, Gangzonen	Sedimentäre Ablagerungen des Devons-Karbons und kristalline Bildungen des Präkambriums	Verquarzung Chloritisierung Pyritisierung		Mineralisation der Nagolny-Gebirgskette und der Übergangszone zwischen Donbass und Priasow
		Quarz-Chlorit-Ankerit-Polymetalltyp	Sphalerit, Galenit, Chalkopyrit, Zinnober, Ankerit, Cookeit, Quarz	Schmitzen, Gänge und Gangzonen in Kluftgesteinen der Topbereiche der Nördlichen und Südlichen Antiklinale	Sandsteine, Aleurolithe, C_1 und C_2	Verquarzung Chloritisierung Argillitisierung		Schtschetowsker, Amwrossijewsker und andere Erzvorkommen
	Blei-Zink (in Karbonatgesteinen)	Galenit-Sphalerittyp	Sphalerit, Galenit, Pyrit, Kalzit, Dolomit, Fluorit, Quarz	Nester, Gänge, Einsprengungen in klüftigen und porösen Karbonatgesteinen im Bereich des Nord- und Süddonezker Tiefenbruchs	Kalksteine und Dolomite des unteren Karbons	Kalzitisierung Dolomitisierung		Komsomolsker und Markowkaer Erzvorkommen
	Fluorit	Karbonat-(Feldspat-) Fluorittyp	Fluorit, Kalzit, Orthoklas, Bitumen, Serizit, Pyrit, Galenit, Sphalerit, Zinnober	Linsenförmige Lager, Gänge und Gangzonen in Kreuzungsbereichen der Längs- und Querbrüche	Kalksteine des Karbons, Albitophyre und andere Gesteine	Karbonatisierung Feldspatisierung Serizitisierung Verquarzung		Pokrow-Kirejewsker Lagerstätte

Hydrothermale	Fluorit	Kalzit-Fluorittyp	Fluorit Kalzit Pyrit Quarz Dickit	Einsprengungen und Schmitzen von Fluorit in Kalzitgängen und Geoden in Karbonatgesteinen in den Bereichen des Nord- und Süddonezker Tiefenbruchs	Kalksteine und Dolomite des unteren Karbons	Kalzitisierung Verquarzung		Süd- und Nordgrenze des Donbass
		Sulfidischer Fluorittyp	Fluorit Pyrit Kalzit Quarz	Schichtlager in abschirmenden Horizonten über Störungen des kristallinen Fundaments	Arkosesandsteine D_2	Verquarzung Karbonatisierung		Übergangszone zwischen Donbass und Priasow
	Quarz-Amethyst		Quarz Bergkristall, Amethyst	Gänge, Nester und Gangzonen in intensivklüftigen Gesteinen in Kreuzungsbereichen von Brüchen	Sandsteine, verquarzte Kalksteine	Verquarzung, Serizitisierung		Nagolny-Gebirgskette, Südgrenze des Donbass
Hydrothermale	Kies	Chalkopyrit-Bornittyp	Chalkopyrit, Bornit, Pyrit, Quarz, Kalzit, Barit, Galenit	Nester, Gänge, Stockwerke im Deckgebirge der vulkanogenen Gesteine der Übergangszone zwischen Donbass und Priasowschem Massiv	Paläobasalte D_2-D_3	Verquarzung, Karbonatisierung	Genetische Verbindung mit basischen und mittleren Magmatiten der ersten und zweiten Etappe der Aktivierung	Karakubsker Erzvorkommen
		Pyrittyp	Pyrit, Dolomit, Kalzit, Quarz	Linsenförmige Lager, Nester, Gänge in Verbindung mit den Brüchen der Süddonezker Zone	Dolomite und Kalksteine C_1	Dolomitisierung Verquarzung		Stylsker Erzvorkommen
Skarngruppe	Formation erzhöffiger Skärne	Kupfererztyp mit Co	Pyrit (mit Co), Chalkopyrit, Galenit, Magnetit, Epidot, Granate, Vesuvian	Kontakte der Kalksteine des unteren Karbons und basischer effusiver Gesteine des Devons mit hypo-abyssischen Andesit- und Trachyandesitkörpern, Stockwerke, Nester, Gänge		Epidotisierung, Pronilitisierung, Pyritisierung		Südgrenze des Donbass
Magmatische	Titan-Magnetit		Titan-Magnetit, Ilmenit, Spinell, Titan-Augit	Einsprengungen und Schlieren in Pyroxeniten, Gabbro und Kosriten an Kreuzungsstellen der Brüche			Genetische Verbindung mit Ultrabasiten der 1 Etappe	Pokrow-Kirejewsker Struktur
Sedimentäre	Formation sulfidischer Cu-, Pb- und Zn-Erze		Chalkosin, Chalkopyrit, Bornit, Covellin, Galenit, Sphalerit, Pyrit, Malachit, Asurit, Cuprit, Barit	Einsprengungen, Konkretionen, Zwischenschichten, die linsenförmige und schichtförmige Lager in Sand-Ton- und Karbonatgesteinen des Bachmutsker und Kalmius-Toretzker Kessels, aber auch in Sandsteinen und Aleurolithen des Süddonbass bilden D_2-D_3			fehlt	Bachmutsker und Kalmius-Toretzker Kessel

bindung mit magmatischen Erzausgangsstoffen tritt wesentlich undeutlicher hervor; in einer Reihe von Fällen ist sie überhaupt zweifelhaft.

Einige Forscher vermuten einen genetischen Zusammenhang der polymetallischen Vererzung mit den Gesteinen des Andesit-Trachyandesit-Komplexes (SKARSHINSKI 1973). Das Blei des Trachyandesits hat jedoch eine völlig andere Isotopenzusammensetzung im Vergleich zum Blei der Nagolny-Gebirgskette und anderer Erzvorkommen des Donbass.
Wenn das Blei der Galenite der polymetallischen Erzvorkommen ein Isotopenverhältnis hat, das in seinen Werten dem anormalen Blei des I-Typs nahe kommt ($Pb^{206} = 18,55$; $Pb^{207} = 15,93$; $Pb^{208} = 39,21$), dann hat das Blei der Trachyandesite einen eindeutig ausgeprägten anormalen Charakter der Isotopenverhältnisse vom B-Typ ($Pb^{206} = 17,00$; $Pb^{207} = 15,15$; $Pb^{208} = 36,75$ bei $Pb^{204} = 1$).
Das weist darauf hin, daß die Migration der chemischen Elemente und ihrer Verbindungen in die Schichtenfolge der sedimentären Ablagerungen komplizierter gewesen ist, als man es sich vom Standpunkt der klassischen magmatogen-hydrothermalen Theorie vorstellt. Bei der Diskussion dieser Frage muß man berücksichtigen, daß in den kristallinen Gesteinen des Priasow, die das Substrat der Sedimentationsschicht des Donbass sind, nicht selten Minerale mit Elementen, die vor dem radiogenen Blei in der Zerfallsreihe liegen, aber auch für das anormale Blei des I-Typs charakteristische polymetallische Erzanzeichen enthalten sind.
Es muß gleichfalls das ständige Vorhandensein von Blei in den Feldspaten der Granitoide in Betracht gezogen werden, das durch viele Forscher festgestellt wurde.
Das gibt die Grundlage dafür, von einem Austragen des Bleis und anderer Elemente aus den Gesteinen des Substrats durch chemisch aktive hydrothermale Lösungen zu sprechen, die zum Beispiel beim regionalen Metamorphismus in der Periode maximaler tektonischer Bewegungen und den mit ihnen zusammenhängenden Erscheinungen gebildet worden sind.
In diesem Zusammenhang erscheint die Beteiligung der Filtrationsgruppe der Erzausgangsstoffe an der Formierung polymetallischer und möglicherweise auch anderer Lagerstätten des variszischen Zyklus als wahrscheinlich.

Diese These von der aktiven Beteiligung der Gesteine der Erdkruste an den Prozessen der Erzbildung wird gestützt durch die Isotopenzusammensetzung des Schwefels, Sauerstoffs und Kohlenstoffs der Erz- und Erzbegleitminerale (PANOW, KORTSCHEMAGIN & PILOT 1974) als auch durch die minerographische Untersuchung der Erze der Nagolny-Gebirgskette, bei der alle Übergänge vom dünndispersen syngenetischen Pyrit bis zu seinen großen Metakristallen und Gangausbildungen in Paragenese mit anderen Erzmineralen (Arsenopyrit, Galenit, Fahlerz u. a.) ermittelt wurden. Setzt man den Anfang der Erzkonzentration, wenn auch nur eines Teils der mineralischen Substanz, an den Beginn der Lagerstättenbildung, dann muß man von einer Polychronität sprechen; das ist offensichtlich bei der Bildung der Lagerstätten der Fluorit- und Antimon-Quecksilberformation der Fall gewesen.
Die gesamte im Donezbecken bekannte Erzmineralisation ist an paläozoische, überwiegend an Karbonatlagerungen gebunden. Die in letzter Zeit erscheinenden Angaben über eine entdeckte Blei-Zinkmineralisation in der oberen Trias (KUSNEZOWA & SACHAZKI 1970), die Ermittlung erhöhter Quecksilbergehalte in den Gesteinen der Trias, Kreide und des Paläogens (PANOW & KORTSCHEMAGIN 1976), das Vorhandensein von Zinnoberschlichaureolen in diesen Gesteinen, Angaben über Galenit- und Sphaleritschmitzen in jurassischen Ablagerungen (LASARENKO) weisen jedoch neben Archivangaben über den im 18. Jahrhundert erfolgten Abbau von Silbererzen aus Kreideablagerungen im N des Donbass (SAMOILOW 1906) darauf hin, daß an mesozoische Ablagerungen Erzvorkommen gebunden sein können. Auch eine Reihe anderer, z. B. strukturelle Überlegungen und die Angaben zur absoluten Geochronologie (LASKOW 1969) sprechen dafür. Es muß jedoch ihr noch unzureichender Untersuchungsgrad unterstrichen werden. Somit macht der polychrone Charakter der Erzmineralisation, die aller Wahrscheinlichkeit nach auch im Laufe der im Donbass deutlich hervortretenden mesokänozoischen Etappe der tektonisch-magmatischen Aktivierung erfolgte, die zielgerichtete Suche der durch sie gebildeten postvariszischen Erzvorkommen zu einer der wichtigsten praktischen Aufgaben, die die Perspektiven der Erzhöffigkeit des Donezbeckens erweitern wird.

Das oben gesagte zusammenfassend, kann man bei der Betrachtung der Minerogenie des Donezbeckens (Gebiet autonomer Aktivierung) feststellen, daß es nötig ist, nicht nur die Perspektiven seiner Erzhöffigkeit neu zu bewerten, sondern, daß sich auch klarere Vorstellungen über die Stellung dieser großen Region der Sowjetunion bei Verallgemeinerungen metallogenetischer Forschungen entwickeln lassen.

Zusammenfassung

Das Donezbecken zeichnet sich, wie alle Gebiete mit autonomer Aktivierung der Erdkruste, durch geologisch-strukturelle, geophysikalische und andere Besonderheiten aus. Vom mittleren Devon über das Ende des Mesozoikums bis zum Känozoikum lassen sich drei tektonisch-magmatische Etappen ausgliedern, in die die Erzgenese der behandelten Region zu setzen ist. In der oberpaläozoisch-mesozoischen Zeit entstanden die Quecksilber-, Antimon-Quecksilber-, Fluorit- und Polymetallformation. Die aus geologischen, mineralogischen und Isotopenuntersuchungen gewonnenen Angaben weisen auf eine polygene und polygone Entstehung der Erzmineralisation hin.

Резюме

Донецкий бассейн отличается, как все области с автономой активизацией земной коры, геолого-структурными, геофизическими и другими особенностями. Со среднего девона через конец мезозоя до кайнозоя можно выделить три тектоническо-магматические этапы, в которые поставляется рудный генезис обсужденного района. В верхнепалеозойско-мезозойское время возникли ртутевая, сурьмяно-ртутевая, флюоритовая и полиметаллическая формации. Полученные из геологических, минералогенических и изотопных исследований данные указывают на полигенное и полигонное восникновение рудной минерализации.

Summary

The Donetz basin is distinguished by geological-structural, geophysical and other peculiarities, such as all areas with autonomous activation of the earth's crust. From the middle Devonian through the end of the Mesozoic to the Caenozoic three tectonic-magmatic stages must be distinguished, into which the ore genesis of the area under consideration must be placed. In Upper Palaeozoic-Mesozoic time the mercury, antimony-mercury, fluorite and polymetallic formations originated. Informations obtained from geological, mineralogical and isotopic investigations point at a polygenous and polygonal origin of the ore mineralization.

Literatur

BELOUSOW, W. W.: Erscheinungen der tektonischen Aktivierung in der Entwicklung der Erdkruste. – Moskau 1964.
BUTURLINOW, N. W.; SKARSHINSKI, W. I.: Über die Komplexe magmatischer Gesteine und magmatischer Formationen des Donezbeckens. – Dokl. AN SSSR, 193, 2, Moskau 1970.
CHAIN, W. E.: Allgemeine Geotektonik. – Moskau 1973.
DAWLETOW, J. K.: Das Verhalten von Gold im Kristallisationsprozeß intrusiver Gesteine am Beispiel der Tschatkalsker Zone des Tienschan. – Bjull. mosk. Obstsch. Ispyt. Prir., Otdel. geoch., 5, Moskau 1970.
GAWRISCH, W. K.: Die Tiefenstrukturen und ihre Untersuchungsmethodik. – Kiew 1969.

Gonschakowa, W. I.; Buturlinow, N. W.; Jurtschenko, W. F.; Stremowski, A. M.: In: Basit-Hyperbasitmagmatismus und Minerogenie des Südens der Osteuropäischen Tafel. — Moskau 1973.
Janschin, A. L.: Der tektonische Bau Eurasiens. — Geotektonika, 5, Moskau 1965.
Karpowa, E. D.: Metallogenie der Gebiete tektonisch-magmatischer Aktivierung. — Tr. WSEGEI, 191, Leningrad 1973.
Kaschpur, J. N.; Pokrowski, W. A.; Smirnow, J. B.: Über das Wärmefeld herzynischer Aulakogene. — Dokl. AN SSSR, 196, 3, Moskau 1971.
Kusnezowa, S. W.; Sachatzki, I. I.: In: Fragen der Geochemie, Mineralogie, Petrologie und Erzbildung. — Kiew 1970.
Laskow, W. A.: Tes. Dokl. Konferenz „Stepanowsker Lektionen". — Artjomowsk 1969.
Magakjan, I. G.: Die Typen der Erzprovinzen und Erzformationen der UdSSR. — Moskau 1969.
Martynowa, T. I.: In: Der geologische Bau der UdSSR. — 5, Moskau 1969.
Naliwkin, D. W.: Geologie der UdSSR. — Moskau 1962.
Nikolskij, I. L.: Die Rolle der Querfalten bei der Verteilung der Quecksilbervererzung des Donezbeckens. — Dokl. AN SSSR, 158, 1, Moskau 1964.
Panow, B. S.; Kortschemagin, W. A.; Pilot, I.: Über die Isotopenzusammensetzung des Schwefels in Mineralien des Donezbeckens. — Geologie der Erzlagerstätten, 3 (1974).
— Über die Isotopenzusammensetzung des Sauerstoffs und Kohlenstoffs in Karbonaten des Donezbeckens. — Dokl. AN SSSR, Ser. B, 1, Moskau 1974.
Panow, B. S.; Kortschemagin, W. A.; Kupenko, W. I.: Neue Daten über das Auftreten von Quecksilber in den mesokänozoischen Ablagerungen des Donbass. — Mineralogie sedimentärer Bildungen, 3, Kiew 1976.
Popow, W. S.: Tektonik des Donbass. — Moskau 1963.
Samoilow, J. W.: Die Mineralogie der Ganglagerstätten der Nagolny-Gebirgskette. — (1906).
Schtscheglow, A. D.: Metallogenie der Gebiete autonomer Aktivierung. — Moskau 1968.
— Die Hauptbesonderheiten der Metallogenie der Gebiete tektonisch-magmatischer Aktivierung und neue Wege für die Prognose von Erzlagerstätten. In: Gesetzmäßigkeiten der Verteilung von mineralischen Rohstoffen. — 11, Moskau 1975.
Shulid, W. A.; Kukowski, E. G.; Skarshinski, W. J.; Tkatschuk, L. G.: Über das Effusivgestein aus dem Krasnodoner Gebiet des Donezbeckens. — Dokl. AN SSSR, 177, 2, Moskau 1967.
Skarshinski, W. I.; Belokon, Kusnezowa, S. W. u. a.: Über das Auftreten des alpidischen Vulkanismus an der Südflanke des Woronesher Massivs. — Dokl. AN SSSR, Ser. B, 1, Moskau 1973.
Smirnow, W. I.: Über das Ausgangsmaterial endogener Lagerstätten. — Iswest. AN SSSR, Ser. Geol., 3, Moskau 1969.
Tschen-Go-Da: Das „Diva"-Gebiet — ein mobiles Posttafelgebiet neuen Typs. — Sci. Sinica, U. 14, 10 (1965).
Usjenko, I. S.; Jamnitschenko, I. M.: Spuren jurassischen Vulkanismus im nordwestlichen Teil des Donezbeckens. — Dokl. AN SSSR, 25, 2, Moskau 1952.

Zur Notwendigkeit komplexer geologischer Vorarbeiten für den Abbau von Tonlagerstätten

Förster, W.; Hähne, R.; Walde, M.; Freiberg; Kühne, R., Dresden

Einleitung

Beim Abbau von Lockergesteinslagerstätten zeigt sich in der Praxis sehr deutlich, daß eine Vielzahl unvorhergesehener Komplikationen auftreten kann, die aus der unzureichenden Kenntnis des geologischen Baus sowie der hydrogeologischen und bodenmechanischen Verhältnisse resultieren. Die ungenügende Beachtung dieser Bedingungen kann zu nicht vertretbaren Abbauverlusten bzw. zum Verzicht auf vorhandene Rohstoffreserven führen, die bei komplexer Betrachtung der hydrogeologisch-bodenmechanischen Randbedingungen zumindest z. T. ausgeschöpft werden könnten.
In der Instruktion zur Anwendung der „Klassifikation der Lagerstättenvorräte fester mineralischer Rohstoffe" auf Lagerstätten toniger Gesteine in der DDR vom 25. 7. 62 wird neben der Erkundung und Untersuchung des Rohstoffs vor allem auf die Klärung der abbautechnischen Verhältnisse hingewiesen. Dazu sind ausreichende Angaben über die hydrogeologischen Verhältnisse sowie Hinweise auf die günstigste Anlage der Grube, der Strossen und die vorteilhafteste Abbautechnologie erforderlich.
Vorratsberechnungen, in denen die hydrogeologischen Verhältnisse nicht beschrieben und ausreichend geklärt sind, können, lt. Toninstruktion der StVK, nicht bestätigt werden. Nach ihr sind im einzelnen, beispielsweise durch Pumpversuche, das Auftreten wasserführender Horizonte im Abraum, in den Zwischenmitteln und im Liegenden zu registrieren und der Chemismus des Wassers festzustellen. In diesem Zusammenhang wird auf die Möglichkeit von Rutschungen, Schwimmsandeinbrüchen oder Liegenddurchbrüchen hingewiesen.
In der Richtlinie der StVK über Form und Inhalt von Vorratsberechnungen vom 4. 5. 61 wird eindeutig die Notwendigkeit der Beschreibung der wasserführenden Horizonte, deren Druckniveaus, Filtrationskoeffizienten, Flächen möglicher Oberflächenwasserinfiltration, hydraulische Verbindungen verschiedener Grundwasserleiter, Chemismus des Grundwassers, Grundwassermengen usw. hervorgehoben. Gleichermaßen werden bei neu erkundeten Lagerstätten die Klärung bergtechnischer Bedingungen zum Abbau, im besonderen der Standfestigkeit des Hangenden und Liegenden, der Klüftigkeit, Feuchtigkeit, Härte, Gebirgsdruck und Hinweise auf die zweckmäßigste Aufschluß- und Abbauart gefordert.
Die Praxis zeigt jedoch, daß der komplexen Betrachtung aller geologisch-hydrogeologisch-bodenmechanischen Faktoren und ihrer Abstimmung mit der Entwässerung und dem Abbau von Lockergesteinslagerstätten oftmals nicht die notwendige Aufmerksameit geschenkt wird. Im folgenden soll ein Beispiel geschildert werden, wie durch eine weitgehende Komplexität aller Betrachtungen komplizierte Abbauverhältnisse erfaßt und die Voraussetzungen für die Gewinnung zusätzlicher bedeutender Rohstoffmengen für unsere sozialistische Industrie geschaffen werden können.

Eingang des Manuskripts in der Redaktion: 21. 3. 1977.

1. Aufgabe

In der Deutschen Demokratischen Republik nahm der Bedarf an Rohstoffen für die Bau-, keramische und chemische Industrie in den letzten zehn Jahren sprunghaft zu. Besonders kommt dies bei der Entwicklung der Produktion von Ziegeln sowie schweren und leichten Zuschlagstoffen zum Ausdruck.
Für die Produktion grobkeramischer Erzeugnisse wurden bereits Anfang der fünfziger Jahre gezielte geologische Erkundungsarbeiten durchgeführt. Eine wichtige Rohstoffgrundlage hierfür ist der im mittleren und nördlichen Teil der DDR weitverbreitete mitteloligozäne Rupelton. Eine verkehrsgünstig und oberflächennah gelegene Rupeltonlagerstätte im Bezirk Magdeburg zeigte gute Voraussetzungen für die Nutzung als Ziegelrohstoff.
Im Zeitraum von 1950 bis 1960 wurden hier 33 Erkundungsbohrungen zur Abgrenzung einer Ziegeltonlagerstätte niedergebracht. Die Feststellung, daß der Ton im Temperaturbereich zwischen 1150 und 1200 °C starke Bläherscheinungen zeigt, führte zu der Entscheidung, die Lagerstätte mit dem Ziel einer perspektivischen Nutzung als Blährohstoffressource weiter zu erkunden.
Es folgten 1969/70 weitere 21 Bohrungen. Der Ergebnisbericht über diese Erkundung beschreibt neben der geologischen Situation des Untersuchungsgebiets eingehend die geologische Ausbildung des Tons innerhalb der Lagerstättenkontur. Er gibt einige Hinweise auf die Durchlässigkeit des Hangenden und Liegenden, wertet einen Pumpversuch im Liegenden sowie Grundwasserstandsbeobachtungen aus und beschreibt ausführlich die technologischen Eigenschaften des Tons und dessen gewinnbare Vorräte.
Es werden jedoch nicht in ausreichendem Maße die geologischen Verhältnisse des weiteren Untersuchungsraums, die hydrogeologische Lagerung außerhalb des Vorratsfelds und des Liegenden im Feld selbst, die hydrogeologischen Parameter, die Grundwasserströmungsverhältnisse, die sich erneuernden Grundwasservorräte usw. betrachtet. Auch zu den bodenmechanischen Bedingungen eines zukünftigen Tonabbaus, zur möglichen Form der Tagebauentwässerung und zur Abbauführung fehlen entsprechende Aussagen und Berechnungen. Wegen der nicht ausreichenden Beachtung der in der Toninstruktion der StVK geforderten Prämissen mußten, um einen optimalen Abbau ohne weitreichende Auswirkungen auf das die Lagerstätte umgebende Territorium zu gewährleisten, zusätzliche komplexe

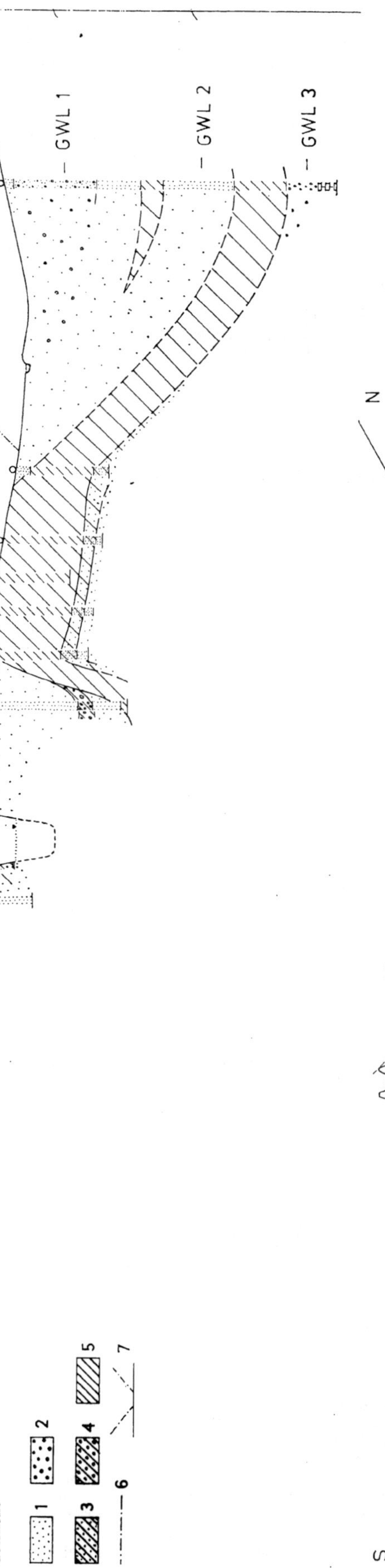

Abb. 1. Hydrogeologisches Profil I
1 – Sande, 2 – Kiese, 3 – Schluff, 4 – Geschiebemergel, 5 – Rupelton, 6 – 50 m-Höhenlinie, 7 – projektierte Tagebaugrenze, Profile 20-fach überhöht

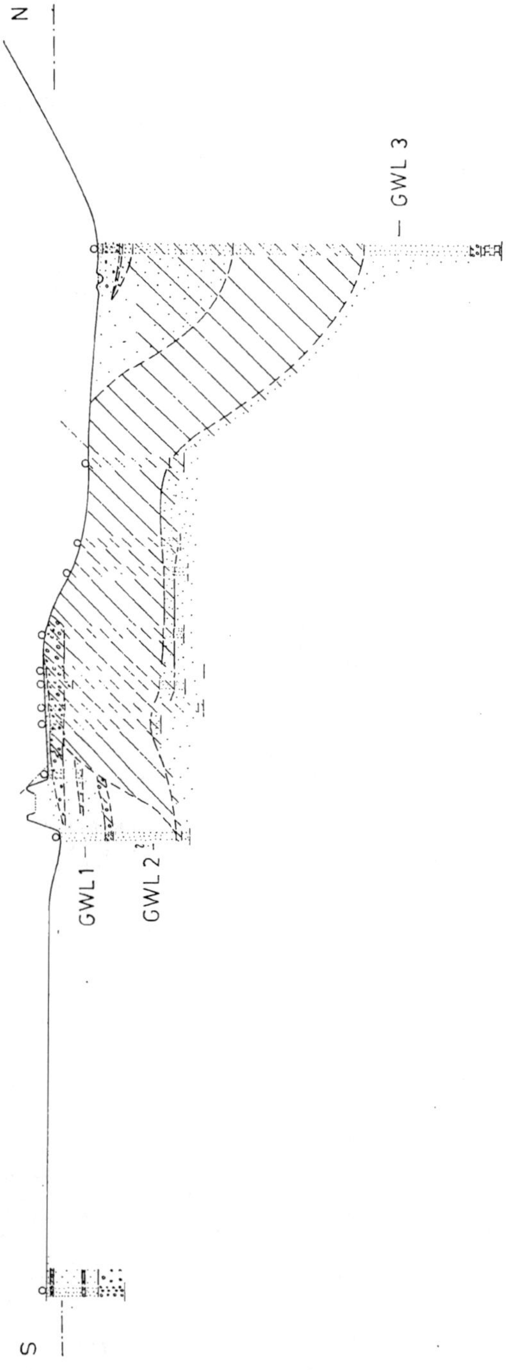

Abb. 2. Hydrogeologisches Profil II

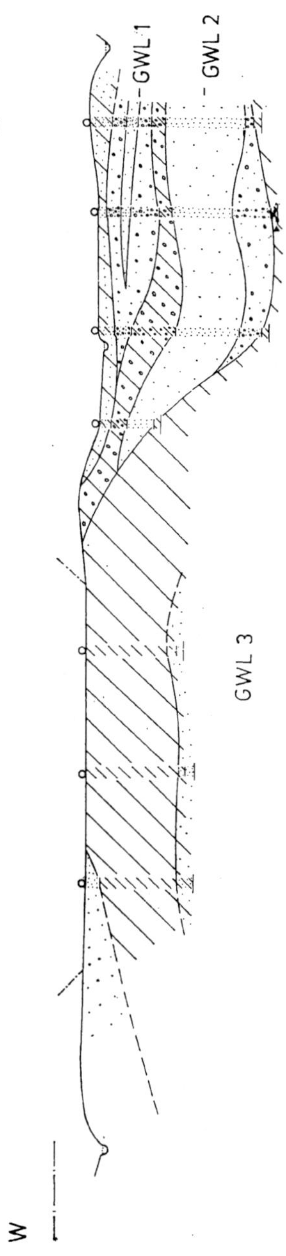

Abb. 3. Hydrogeologisches Profil B

hydrogeologisch-bodenmechanische und abbautechnische Untersuchungen erfolgen. Die Klärung der genannten Verhältnisse und Faktoren ist für ein zu errichtendes Porensinterwerk mit einem jährlichen Rohstoffbedarf von 150 bis 200 kt, was eine leistungsfähige Tagebautechnologie sowie eine hohe Bergbausicherheit erfordert, von besonderer Bedeutung.

2. Hydrogeologische Verhältnisse und Konsequenzen für den Abbau

Hydrogeologische Lagerungsverhältnisse

Grundlegende Voraussetzung für alle Vorratsermittlungen ist die Betrachtung und Klärung der hydrogeologischen Lagerungsverhältnisse. Beachtenswert an dem zu schildernden Beispiel ist die Lage der Lagerstätte in unmittelbarer Nähe eines über Flur verlaufenden Kanals. Das Wrocław-Magdeburg-Bremer-Urstromtal, dessen Abgrenzungen im wesentlichen die Oberflächengeologie des Untersuchungsgebiets prägen, verengt sich im Betrachtungsraum auf nur 2 bis 4 km. Für die tektonische Gliederung des Festgesteinsuntergrunds ist ein Abbruch mit 1500 m Sprunghöhe von besonderer Bedeutung. Im südlichen Betrachtungsraum stehen unter känozoischen Ablagerungen Gesteine des Karbons, im N dagegen triassische Sedimente an. Die Ablagerung känozoischer Sedimente dürfte wesentlich von der Aktivität des Abbruchs bestimmt sein.
Das Tertiär beginnt in der weiteren Umgebung im Liegenden teilweise mit Ablagerungen des Eozäns. Es folgen im allgemeinen mitteloligozäne Grünsande, die im Hangenden von Rupel- oder Septarienton, der nördlich des Abbruchs in Teilgebieten in größere Teufen absinkt, abgelöst werden. Es ist nicht auszuschließen, daß er auch teilweise abgetragen worden ist. Das könnte möglicherweise auch auf die Ränder einer Rupeltonaufragung im Zentrum des Untersuchungsgebiets zutreffen.
Das Pleistozän setzt sich im Untersuchungsgebiet aus Ablagerungen der Elsterkaltzeit (Vorschüttsande, Geschiebemergel, Nachschüttbildungen) sowie Sedimenten der Saalekaltzeit i. w. S. zusammen. Im Hangenden der drenthestadialen Grundmoräne, die teilweise stark erodiert ist und lokal bis zu 35 m Mächtigkeit erreicht, folgen im Urstromtal Schmelzwassersedimente des Lausitzer (oder Warthe-) Stadiums der Saalekaltzeit, vor allem Talsande mit unterschiedlichen Mächtigkeiten. Diese Sedimente sind im Untersuchungsgebiet lithologisch z. T. sehr differenziert und bauen sich nicht einheitlich aus homogenen, gut klassierten Schmelzwassersanden auf.
Das hydrogeologische Normalprofil im Urstromtal ist für das geplante Abbaugebiet nicht typisch. Wie aus Abb. 1 zu ersehen ist, werden die hydrogeologischen Lagerungsverhältnisse hier wesentlich durch die bereits erwähnte Rupeltonaufwölbung geprägt.
Abb. 2 und 3 demonstrieren insbesondere die nicht ausreichenden Kenntnisse über die Flanken der Rupeltonaufragung. Ohne eine weitere Detailerkundung muß daher eine hydraulische Verbindung zwischen post- und präoligozänen Grundwasserleitern an den Rändern der Aufsattelung angenommen werden. Aus diesen zusätzlichen Betrachtungen ergeben sich folgende Schlußfolgerungen für Entwässerung und Abbau.
In den Grundwasserleitern 1 und 2 muß mit erheblichen Grundwassermengen gerechnet werden. Voraussetzung für den Feldesaufschluß ist daher ein Nichtanschnitt des Grundwasserspiegels dieser Sedimentkomplexe (Abb. 4) oder ihre Entwässerung. Auf Grund des derzeitigen Kenntnisstands über die hydrogeologischen Lagerungsverhältnisse ist für den Abbau zwar eine Trennung der Grundwasserleiter 1 und 2 vom Grundwasserleiter 3 durch den Rupelton wahrscheinlich, aus Gründen der Aussagesicherheit jedoch für die hydrogeologische Endaussage vorerst nicht anzunehmen.

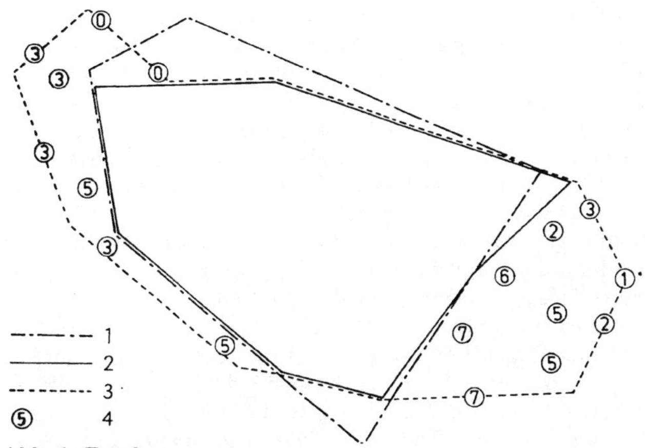

Abb. 4. Tagebaugrenzen

1 — 1971 projektierte Tagebaugrenze, 2 — Abbau in der Tonaufragung, 3 — Abbau bis etwa zur 44-m-Höhenlinie, 4 — Mächtigkeitsdifferenz Oberfläche – Grundwasserspiegel

Der sehr feinkörnige, z. T. deutlich schluffige Grundwasserleiter 3, wird relativ schwer zu entwässern, aber notwendigerweise zu entspannen sein, um Liegendaufbrüche zu vermeiden. Wegen der bei einer Entwässerung der pleistozänen Grundwasserleiter 1 und 2 auftretenden größeren Reichweite mit den Konsequenzen einer Grundwasserabsenkung im Territorium und vor allem unter dem Kanal muß eine solche Entwässerung vermieden werden.
Die Erkenntnisse aus der Rekonstruktion der hydrogeologischen Lagerungsverhältnisse erfordern eine Veränderung der Abbaugrenzen, zumal im S ein Abbau bis zum Kanal einmal wegen des dort bereits in große Teufen abgetauchten Rupeltons ebenfalls nicht empfehlenswert ist. Fehlende bzw. nicht ausreichende Aufschlüsse an den Flanken der Rupeltonaufragung erschweren die Klärung einer Verbindung der Grundwasserleiter 1/2 und 3.

Hydrogeologische Parameter

Für die Einschätzung der hydrogeologischen Verhältnisse, die Möglichkeiten der Entwässerung und des Abbaus sind Aussagen über die Durchlässigkeitsverhältnisse in den im Feld und dessen engerer Umgebung anstehenden Gesteinen eine notwendige Voraussetzung. Da sich die bisherigen Erkundungen der Lagerstätte nur auf das eigentliche Abbaugebiet beschränken und nur unwesentlich auf die Umgebung erstreckten, liegen nur unzureichende Angaben über die k-Werte der Grundwasserleiter und Grundwasserstauer vor.
So mußte auf weitere Quellen bzw. auf Analogieschlüsse zurückgegriffen werden (Tab.).

Tabelle

Geologischer Horizont	k-Wert [m/s]	Ø-k-Wert
Talsand und Schmelzwassersand	$2{,}0 \cdots 24{,}9 \cdot 10^{-4}$	$7{,}4 \cdot 10^{-4}$ (BEYER)
Geschiebemergel	$2 \cdots 5 \cdot 10^{-7}$	$1{,}7 \cdot 10^{-7}$
Rupelton		$2 \cdot 10^{-11}$
Grünsand	$2{,}2 \cdots 1{,}8 \cdot 10^{-6}$	$2 \cdot 10^{-6}$

Die so gefundenen Durchlässigkeitsbeiwerte unterstreichen das bereits oben geschilderte Bild. Während Grundwasserleiter 1/2 eine dominierende Rolle im Hinblick auf den Grundwasserandrang am Feldesrand zukommt, ist im Grundwasserleiter 3 mit nur geringen Wasserabgabemengen zu rechnen. Das bedeutet keinesfalls, daß die Grundwasserverhältnisse in diesem Horizont keinen Einfluß auf das Tagebaugeschehen haben werden. Zahlreiche Bohrungen im Abbaufeld, die den Grünsand erreichten, zeigten eindeutig gespanntes Grundwasser. Die Grundwasserspiegel stiegen nach dem Bohren trotz der relativ geringen Durchlässigkeit rasch an und erreichten nach maximal drei Tagen ihr Endniveau. Eine Entspannung dürfte für den Abbau auf der tiefsten Sohle des Tagebaus unumgänglich sein, um Liegendwasserdurchbrüche zu vermeiden. Die guten Durchlässigkeiten der Sande und Kiese im Hangenden des Rupeltons deuten auf das Zusitzen erheblicher Wassermengen hin, falls beim Abbau am Feldesrand der Grundwasserspiegel im Pleistozän unterschritten wird. Allgemein ist festzustellen, daß alle in Betracht kommenden Grundwasserleiter (1 bis 3) entwässerbar bzw. entspannungsfähig sind.
Der Erkundungsgrad der Durchlässigkeitsverhältnisse im Feld und in seiner Umgebung ist sehr gering. Einer notwendigen Informationsdichte von einer k-Wert-Bestimmung je 400 bis 600 m stehen für den Grundwasserleiter 1/2 kein Wert im engeren Untersuchungsraum, für Grundwasserleiter 3 ein k-Wert zur Verfügung.
Die Grundwasserleiter des Untersuchungsgebiets sind also nur zu 15% mit Informationen über ihre hydrogeologische Beschaffenheit belegt. Analogieschlüsse sind unumgänglich und führen notwendigerweise zu einer geringeren Aussagesicherheit.

Grundwasserstands- und -strömungsverhältnisse

Im Bereich des künftigen Tagebaufelds sowie dessen engster Umgebung liegen Grundwasserstandsbeobachtungen aus 24 Bohrungen vor. Davon bieten 13 Aufschlüsse keine verwertbaren Ergebnisse, da diese Bohrungen in der Übergangszone Ton—Grünsand eingestellt wurden, die keine eindeutigen Grundwasserleitereigenschaften aufweist. Vier Bohrungen innerhalb des Felds wurden als Beobachtungspegel ausgebaut.
Zur Klärung der Grundwasserströmungsverhältnisse im Untersuchungsgebiet reichen die geschilderten Aufschlußbedingungen nicht aus. Daher wurden für den Betrachtungsraum i. w. S. alle erreichbaren (ca. 30) Grundwassermeßstellen erfaßt und mit den im Feld meßbaren an einem Tag gemessen. Alle genannten Brunnen und Pegel zeigen die Grundwasserstände im Pleistozän (Grundwasserleiter 1/2) an. Grundwasserspiegelbeobachtungen aus dem Grundwasserleiter 3 der Feldesumgebung liegen nicht vor. Wie ein Hydroisohypsenplan zeigt, bewegen sich die Grundwässer der weiteren Feldesumgebung im Grundwasserleiter 1/2 von N bzw. SW auf das engere Untersuchungsgebiet zu. Die hydrodynamischen Verhältnisse werden bei Wasserständen zwischen 0 und 10 m unter Flur sehr wesentlich von den Wasserspiegeln der Vorfluter beeinflußt. Die Grundwasserfließgeschwindigkeit liegt etwa bei 0,02 bis 0,05 m/d.
Im Untersuchungsgebiet strömt das Grundwasser im Grundwasserleiter 1 von SW dem Vorfluter zu, wobei im Bereich fehlenden Pleistozäns eine Umflutung von SE nach NW, also etwa an der Südwestkante der Tonaufragung entlang, festgestellt werden kann.
Im Tagebaufeld strömen die Grundwässer des Grundwasserleiters 3 ähnlich denen des Pleistozäns der Umgebung von SSW nach NNE. Da die Grundwasserstände beider Grundwasserleiterkomplexe recht augenfällig zusammenfallen, ist eine hydraulische Verbindung im Bereich der Aufragungsflanken wahrscheinlich. Sieht man vom lokalen Druckmaximum (50,2 m ü. NN) im SE des Felds ab, strömen die Grundwässer von SW nach NE und entlasten im Vorfluterbereich.
Nördlich des Felds liegt der Grundwasserspiegel nur wenige Dezimeter unter Gelände. Im E sind die Grundwasserströmungsverhältnisse wegen des dort relativ mächtigen und oberflächennahe anstehenden Geschiebemergels, damit fehlendem Grundwasserleiter 1 und nicht durch Grundwasserspiegelbeobachtungen belegten Grundwasserleiter 2, relativ unklar. Die Auswertung der hydrodynamischen Verhältnisse ermöglicht folgende Schlußfolgerungen. Die 44 m-Höhenlinie darf bei einer Abbauführung außerhalb der Tonaufragung auf keinen Fall unterschritten werden, um eine dabei unumgängliche Grundwasserabsenkung in den Pleistozänsedimenten am Feldesrand zu vermeiden. Diese Absenkung könnte wegen der Reichweitenentwicklung ein Absinken des Grundwasserspiegels auch im Bereich eines Naherholungssees und des Kanals nach sich ziehen. Diese z. T. schwer übersehbaren Folgen sollten durch einen Abbau innerhalb der Tonaufragung bzw. in einer Variante oberhalb der 44 m-Höhenlinie vermieden werden. Dabei ist ein Sicherheitsabstand von 200 m zwischen Tagebaukante und Kanal auf jeden Fall einzuhalten.

Grundwassermengenverhältnisse

Angaben über die Grundwassermengenverhältnisse im Gebiet des künftigen Tagebaufelds und seiner Umgebung lagen bisher nicht vor. Daher sind prinzipielle Erwägungen als Voraussetzung für jegliche Entwässerungs- und Abbauberechnungen auch dazu unerläßlich.
Die im Untersuchungsgebiet an der Erdoberfläche anstehenden Sedimente gewährleisten eine sehr unterschiedliche Versickerung. Betrachtungen über die Sickerwassermenge unter Berücksichtigung der Beziehungen zwischen dem Wärme- und Wasserhaushalt führen nach GUGLA (1970) zur Ermittlung der dynamischen Grundwassermengen:

$$\bar{A} = \bar{N} \cdot e^{-\frac{w \cdot \bar{Q}}{e \cdot r \cdot N}} \text{ [mm/a]}$$

Unter Annahme eines Niederschlagsmittels $\bar{N}$ von 525 mm für das nördliche und südliche Einzugsgebiet des Vorfluterabschnitts im Untersuchungsgebiet und einer Globalstrahlung Q von 89 kcal/cm² · a sowie Wirkungsfaktoren w zwischen 0,36 und 1 (Rupelton) ergaben sich an mittleren Grundwasserneubildungen für Talsand 6,45 l/s · km², für Geschiebemergel 3,15 l/s · km² und für holozäne Bildungen 5,3 l/s · km².
Im nördlichen Einzugsgebiet werden damit etwa 234 l/s, im S 102,8 l/s gebildet, d. h. auf 1 km Vorfluterlänge insgesamt ca. 93,5 l/s. Eine Überprüfung dieser Ergebnisse ermöglicht die Untersuchung der eindimensionalen Filterströmung eines entlang des Vorfluters gelegten Durchflußprofils. Danach strömen bei einer Durchlässigkeit von $7{,}4 \cdot 10^{-4}$ m/s und einem mittleren Gefälle von ca. 3‰ einem Kilometer Vorfluter ca. 113,8 l/s zu. Dieser Mittelwert dürfte besonders in Abhängigkeit vom k-Wert stark variieren.

Die Abbauführung sollte aus den folgenden Gründen so vorgenommen werden, daß eine Entwässerung des Grundwasserleiters 1/2 nicht erforderlich wird. Im Falle der Nichteinhaltung dieses Hinweises ist mit dem Andrang der natürlichen Grundwasserneubildung je 1 km Tagebau- und Entnahmebreite von ca. 100 l/s zu rechnen. Außerdem sind die für die Trichterentwicklung erforderlichen statistischen Grundwassermengen von ca. 200 l/s entwässerten Grundwasserleiters zu heben. Erste Reichweitenbetrachtungen weisen darauf hin, daß mit Größenordnungen von 1,5 km zu rechnen wäre, so daß Unterscheidungen des Naherholungssees, des Kanals und des Vorfluters sowie mehrerer Ortslagen mit allen wasserwirtschaftlichen Problemen zu erwarten sind.
Eine Abbauführung innerhalb der Verbreitungsgrenzen des Rupeltons, bzw. oberhalb des 44 m-NN-Grundwasserkotes, bietet Schutz vor dem Grundwasserandrang im Pleistozän und müßte sich nur der vollen Entspannung des Grünsandes (bzw. Entwässerung von 1 m) widmen.

Grundwasserchemismus

Im Rahmen der Erkundung der Rupeltonaufragung wurden keine hydrochemischen Analysen der Grundwässer durchgeführt. Zusätzliche Betrachtungen anhand zugänglicher Unterlagen ergaben, daß für die pleistozänen Grundwässer mit einer Gesamthärte zwischen 13,6 und 23 °dH zu rechnen ist.
Die Cl-Gehalte unterscheiden sich auf engstem Raum recht erheblich und reichen von 35 mg/l bis 220 mg/l. Das trifft in ähnlicher Weise auf die Fe-Gehalte zu (0 bis 6 mg/l). Dabei könnte die starke Cl-Erhöhung von 220 mg/l anthropogenen Ursprungs sein, da auch der NO_3-Gehalt mit 562 mg/l einen überdurchschnittlichen Wert aufweist. Die Cl- und Fe-Gehaltsschwankungen im Untersuchungsraum deuten auf mögliche hydraulische Verbindungen mit liegenden Grundwasserleitern hin und lassen zumindest für das chemisch nicht analysierte Grundwasser des Grundwasserleiters 3 Vermutungen auf erhebliche Konzentrationen zu. Eine Einleitung der gehobenen Liegendwässer in die Vorfluter kann sich bei Nichtbeachtung ihres Chemismus als problematisch erweisen.

3. Bodenmechanische Verhältnisse und ihre Konsequenzen für den geplanten Abbau

Bodenphysikalische Kennwerte

Im Zuge komplexer Vorarbeiten für den Aufschluß von Tagebauen sind bodenmechanische Untersuchungen unerläßlich. Durch sie werden Aussagen über die zulässigen Böschungsneigungen und -höhen möglich, die die Strosseneinteilung und die Auswahl geeigneter Tagebaugeräte beeinflussen. Als Voraussetzung bodenmechanischer Berechnungen ist die Kenntnis der geologischen Lagerungsverhältnisse, insbesondere der Schichtenfolge, Schichtneigungen, geologischer Störungen, der Grundwasserverhältnisse und der bodenphysikalischen Eigenschaften der anstehenden Lockergesteine nötig. Um letztere feststellen zu können, sind ausreichende Beprobungen aller anstehenden Sedimente in gestörter oder ungestörter Form und die Untersuchung dieser Proben in einem bodenphysikalischen Laboratorium nötig. Als wichtigste Kennwerte werden die Korngrößenverteilung, die Roh- und Reindichte, der natürliche Wassergehalt, der Plastizitäts- und Konsistenzindex bei bindigen bzw. die Lagerungsdichte bei rolligen Sedimenten, die Porosität, der Durchlässigkeitswert und die Scherfestigkeit ermittelt.

In dem vorliegenden Baufeld waren bodenphysikalische Kennwerte bisher nicht ermittelt worden, eine Erscheinung die bei den relativ kleinen Objekten der Baustoffindustrie häufig festgestellt werden muß, was der umfassenden Vorbereitung des Tagebauaufschlusses aber sehr hinderlich ist. Falls Trockenbohrungen mit der nötigen Probenahme nicht in den erforderlichen Fristen nachgeholt werden können, ist auf andere Möglichkeiten auszuweichen, um wenigstens zu annähernden Einblicken in die zu erwartende Situation zu gelangen. In diesem Fall war eine Probenahme aus dem Rupelton in einem dem künftigen Baufeld benachbarten alten Aufschluß möglich, nachdem geklärt war, daß es sich um stratigraphisch und lithologisch gleiches Material handelte. Das Deckgebirge spielt wegen seiner geringen Mächtigkeit in diesem Stadium der Untersuchungen keine so entscheidende Rolle, so daß der Einblick in die Verhältnisse in dem zu gewinnenden Mineral vorerst ausreichte. Die drei ungestörten Proben wiesen folgende Kennwerte auf:

Reindichte in g/cm³	2,685···2,745	
Rohdichte in g/cm³	1,915···1,955	
Korngrößenverteilung in %		
Feinsand	5,0··· 6,0	
Schluff	34,0···41,0	
Ton	54,0···61,0	
Porosität	0,458···0,483	
nat. Wassergehalt	0,321···0,360	
Plastizitätsgrenze	0,320···0,327	
Fließgrenze	0,857···0,890	
Plastizitätsindex	0,530···0,570	
Konsistenzindex	0,924···1,000	
Sättigungsgrad	0,997···1,095	
Durchlässigkeitswert in m/s	$1{,}9 \cdot 10^{-11}$	
drainierte Scherfestigkeit		
Reibungswinkel ⌀′ in Grad		16,0
Kohäsion c' in kp/cm²		0,35
undrainierte Scherfestigkeit		
Reibungswinkel ⌀ u in Grad		0
Kohäsion cu in kp/cm²		1,32

Danach handelt es sich bei dem Rupelton um einen stark schluffigen Ton in steifem bis halbfestem Zustand. Etwaige tektonische oder glazigene Störungen im Rupelton konnten bei der Probenahme nicht festgestellt werden, sind aber nicht auszuschließen.

Grundlagen der Böschungsdimensionierung

Die Berechnung der Böschungsstabilität erfolgt nach den Verfahren von FRÖHLICH & FELLENIUS und darauf aufbauenden Diagrammen. Für die erforderliche Sicherheit wurden vor allem unter Beachtung des Erkundungsgrads und der Bedeutung des Objekts sowie möglicher Versagensfolgen folgende Werte zugrunde gelegt

$S \geqq 1{,}10$ für aktive Böschungen
$S \geqq 1{,}30$ für bleibende Böschungen

Weiterhin sind die Bestimmungen der ABAO 122/1 vom 5. 10. 1973 zu beachten.

Als Gewinnungsgerät ist ein Schaufelradbagger SRs 65 mit 6 m Abtragsmächtigkeit vorgesehen. Da dieses Gerät nur im Hochschnitt arbeitet, brauchen nur der Fall der unbelasteten 6 m hohen Einzelböschung und daraus zusammengesetzter Böschungssysteme untersucht zu werden. Eine Innenverkippung des Abraums ist nicht vorgesehen, so daß Kippenböschungen nicht betrachtet werden müssen.

Weiter kann nach den parallel gelaufenen komplexen Untersuchungen angenommen werden, daß Sickerwasserströmungen in den Böschungen nicht auftreten und das Liegende entspannt sein wird.

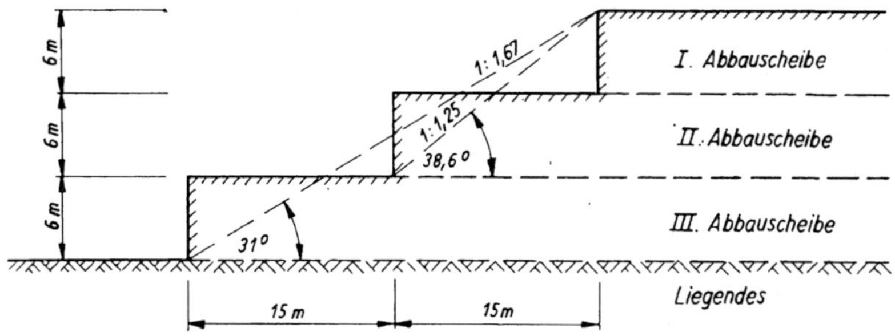

Abb. 5. Aktives Baggerböschungssystem

Ergebnisse der Standsicherheitsberechnungen

Aktive Böschungen

Die Berechnung mit den genannten Kennwerten führt für eine 6 m hohe Einzelböschung auf einen zulässigen Böschungswinkel von 90°, der Stoß darf also senkrecht geschnitten werden.

Beim Gestalten des aktiven Böschungssystems ist die technologisch bedingte Mindestbermenbreite maßgeblich für die stabile Neigung des Systems. Sie beträgt für den SRs 65 15 m und führt auf das in Abb. 5 dargestellte Böschungssystem. Jeweils bei Beginn des Abbaus einer neuen Scheibe kann als Generalneigung zweier aufeinanderfolgender Schnitte 1:1,25 bzw. $\beta = 38{,}6°$ auftreten. Das System mit zwei Bermen und Generalneigung 1:1,67 könnte nur bei gleichzeitigem Abbau aller drei Scheiben entstehen, der ursprünglich nicht vorgesehen, aber bodenmechanisch zulässig ist; denn die Standsicherheitsgrade ergeben sich für das System aus zwei Einzelböschungen zu $S = 1{,}56$ und für das System aus drei Einzelböschungen zu $S = 1{,}38$, in beiden Fällen also ausreichende Werte. Um unzulässige zusätzliche Belastungen der Baggerböschungen zu vermeiden, haben die Geräte einen Mindestabstand von der Böschungsschulter des nächstfolgenden Schnitts von 6 m einzuhalten. Sollte sich die Bermenbreite von 15 m dadurch als zu gering erweisen, ist sie entsprechend den technologischen Erfordernissen zu vergrößern.

Bleibende Böschungen

Bleibende Böschungen sind nicht nur mit einer höheren Sicherheit zu gestalten, sondern es ist auch der Festigkeitsabfall des Lockergesteins über die Zeit zu berücksichtigen, der in der Dauerstandsfestigkeit eines Materials seinen Niederschlag findet. Da derartige Untersuchungen an dem Rupelton noch nicht erfolgten, wurden hierfür Erfahrungswerte eingeführt. Die Berechnung führt für die 6 m hohen Einzelböschungen auf $\beta = 50°$. Die im normalen Abbau steileren Böschungen müssen somit an den Tagebauflanken und bei Erreichen der Endstellung auf 50° abgeflacht werden.

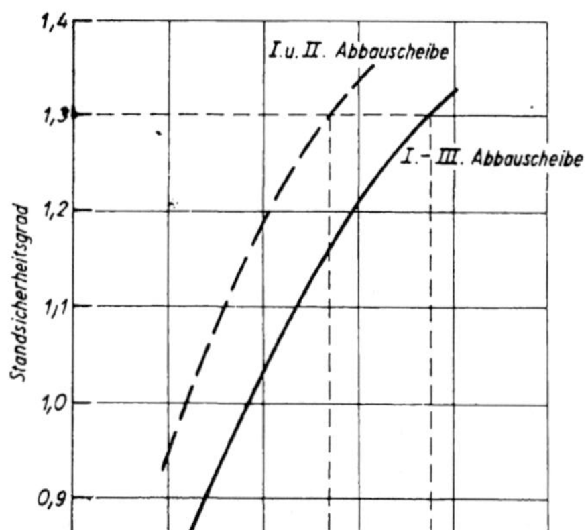

Abb. 6. Ermittlung der erforderlichen Bermenbreiten des Randböschungssystems

Für die bleibenden Böschungssysteme gelten die gleichen Voraussetzungen. Wesentliches Element zum Erzielen der notwendigen geringeren Generalneigung sind die Bermen. Ihre Breite wurde in einer Variationsrechnung ermittelt, deren Ergebnisse in Abb. 6 zeigen, daß zwischen der I. und II. Abbauscheibe eine Bermenbreite von mindestens 27 m und zwischen II. und III. Abbauscheibe eine solche von mindestens 37,5 m erforderlich ist, um den Standsicherheitsgrad 1,3 zu erreichen. Für die Konzipierung der Randböschungssysteme wird das in der Abb. 7 gezeigte Prinzip mit Bermenbreiten von 30 m zwischen I. und II. und von 40 m zwischen II. und III. Abbauscheibe vorgeschlagen. Die Generalneigungen ergeben sich zu 1:3,34 beim Abbau der II. Scheibe und zu 1:4,73 beim Gewinnen der III. Scheibe. Spezielle Anforderungen an die Gestaltung der Randböschungen und -systeme können aus besonderen Vorstellungen über die Nutzung der späteren Restlöcher entstehen. Sie sollten bereits bei der Vorbereitung des Aufschlusses beachtet werden, da zu einem späteren Zeitpunkt sehr aufwendige Nacharbeiten erforderlich werden, oder aber die gewünschte Nutzung überhaupt nicht ermöglicht werden kann.

Erdbautechnologische Faktoren

Unter diesem Begriff werden Aussagen zu technologischen Bereichen der Gewinnung und des Transports im Tagebau verstanden, die auf der Grundlage bodenphysikalischer Kennwerte möglich sind. Sie beziehen sich meist auf die Tragfähigkeit der Arbeitsebenen, das Verhalten des Förderguts auf den Transportbändern und die erforderliche Grabkraft der Gewinnungsgeräte.

Die Arbeitsebenen in den Tagebauen werden hauptsächlich durch die Fahrbewegungen der Geräte beansprucht. Im geplanten Tagebau liegen zwei Arbeitsebenen im Rupelton, die dritte befindet sich im Liegendsand. Während der entwässerte Liegendsand keine Probleme hinsichtlich der Befahrbarkeit durch die Tagebaugeräte erwarten läßt, gibt für bindige Erdstoffe deren Plastizitätsindex einen Anhalt. Für den Rupelton wurde mit $I_p > 0{,}5$ ein relativ hoher Wert ermittelt, der darauf hindeutet, daß erst bei beträchtlichem Wasserzutritt die Gefahr des Aufweichens der Arbeitsebenen besteht. Trotzdem ist in Bereichen hoher dynamischer Beanspruchungen des Planums, wie Zufahrten und Standorte der Schaufelradbagger, in Niederschlagsperioden damit zu rechnen, daß ohne zusätzliche Befestigung der Oberfläche die Geräte diese durchkneten und selbst einsinken.

Nach den Erfahrungen aus mehreren Tagebauen und den Ergebnissen systematischer Untersuchungen sind Veränderungen der Struktur beim Bandtransport besonders bei schluffig-feinsandigen Erdstoffen mit niedrigem Plastizitätsindex zu erwarten. Da der Rupelton ein stark bindiges Material darstellt, sind besondere Probleme nicht zu erwarten, es sei denn, durch Wasserzutritte kommt es zu einem verstärkten Aufweichen. Dann sind Anbackungen und auch Materialverflüssigungen zu befürchten.

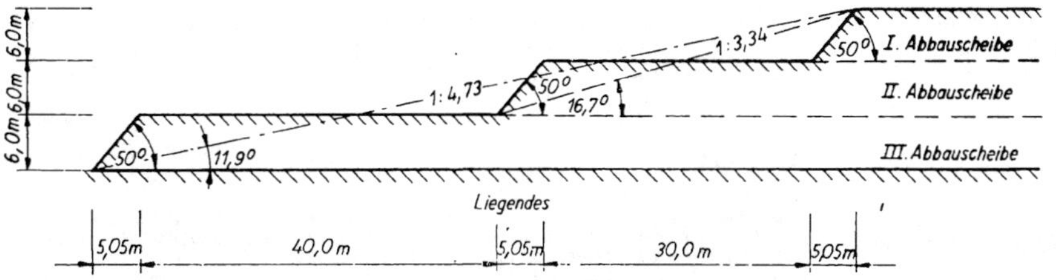

Abb. 7. Erforderliches Randböschungssystem

Die Leistungsfähigkeit eines Gewinnungsgeräts im Tagebau hängt ganz entscheidend davon ab, ob die Antriebsleistung für das Graborgan ausreicht, um die beim Schneiden und Lösen des zu gewinnenden Materials auftretenden Widerstände zu überwinden. Als Maß für diese Beanspruchung hat sich der Begriff des Grabwiderstands eingebürgert, einer spezifischen Kraft, bezogen auf die schneidende Messerlänge. Bisherige Untersuchungen haben neben Einflüssen konstruktiver und werkstofftechnischer Art auf der Geräteseite nachgewiesen, daß bodenmechanische Parameter ihre Größe gravierend mitbestimmen. Zur Abschätzung der erforderlichen Grabkraft wird auf einen annähernd linearen Zusammenhang zwischen dem spezifischen Grabwiderstand bei Schaufelradbaggern und der Haftfestigkeit des zu gewinnenden Erdstoffs zurückgegriffen. Danach wäre für den Rupelton eine spezifische Grabkraft von 45 bis 50 kp/cm erforderlich, die der vorgesehene SRs 65 in Normalausführung nicht aufbringt. Es müßte auf die Baggerausführung mit 46 kp/cm spezifischer Grabkraft orientiert werden, um Leistungsverluste durch verringerte Spanstärken bei der Tongewinnung zu vermeiden.

4. Schlußfolgerungen

Um den für den Neuaufschluß einer Tonlagerstätte erforderlichen Erkundungsgrad als Grundlage ausreichender Sicherheit für den Tagebaubetrieb selbst sowie für das Territorium zu erreichen, ist auch im geschilderten Beispiel wegen unzureichender geologisch-hydrogeologisch-bodenmechanischer Untersuchungen bei der eigentlichen Lagerstättenerkundung eine hydrogeologisch-bodenmechanische Zusatzerkundung notwendig. Dazu ist einmal zu erwägen, ob durch Bohrungen die Lagerungsverhältnisse im Flankenbereich der Tonaufragung ausreichend klärbar sind. Vermutlich würde ein Langzeitpumpversuch an drei Brunnen im Bereich der Feldesgrenze nicht nur Aussagen zur Reichweitenausbildung, sondern auch zu den hydraulischen Zusammenhängen liefern.

Zur eindeutigen Klärung der hydrogeologischen Parameterverhältnisse wären etwa drei Werte im Feld (Grünsand) und vier bis sechs Werte in der engeren Umgebung (pleistozäne Grundwasserleiter und Gründsand) erforderlich. Der Bestand an Grundwasserspiegelmeßstellen im Abbaufeld und vor allem in dessen engerer Umgebung liegt ebenfalls unter dem Minimum. Vor allem für die Gewährleistung einer Entwässerungsüberwachung ist ein 500-m-Pegelnetz nötig. Besondere Bedeutung kommt dabei der Beobachtung des Grundwasserspiegels im Grundwasserleiter 3 der Feldesumgebung zu, da hier bisher keine Erkenntnisse vorliegen. Um die Sicherheit des Kanals zu gewährleisten, wird das Anlegen von drei Pegelreihen etwa in N—S-Richtung vom Tagebaufeld in Richtung Kanal empfohlen.

Kombinierte Pegel sind vor allem in den Ortslagen der Feldesumgebung, an Vorflutern und technischen Einrichtungen erforderlich, um die territorialen Auswirkungen einer späteren Entwässerung beobachten zu können. Diese Bohrungen könnten damit gleichzeitig zur Entnahme von Proben für die k-Wert-Bestimmung genutzt werden.

In Anbetracht der lückenhaften hydrogeologischen Kenntnisse, speziell den hydraulischen Zusammenhang der Grundwasserleiter 1/2 und 3, die Durchlässigkeits- und detaillierten Strömungsverhältnisse betreffend, sollte ein Dauerpumpversuch (4 bis 8 Wochen) an einer Brunnengruppe (drei Brunnen) durchgeführt werden.

Die durch Brunnen im Abstand von ca. 170 m erreichte Grundwasserdruckentspannung bzw. Entwässerungswirkung im Grundwasserleiter 3 sollte wenigstens 0,5 m unter Stauerunterkante im Bereich des halben Brunnenabstands liegen. Durch Beobachtungsrohre zwischen den Brunnen und im Bereich der Umgebung der Brunnengruppe, besonders zwischen Gruppe und Kanal sowie südlich des Kanals sind getrennte Grundwasserbeobachtungen im Grundwasserleiter 1 und 3 zu ermöglichen. Mit dem Pumpversuch sind vor allem die Bedingungen zu klären, die zur Vermeidung einer Grundwasserabsenkung im Grundwasserleiter 1 im Bereich des Kanals bei der Entwässerung des Grundwasserleiters einzuhalten sind.

Aus bodenmechanischer Sicht fehlen vor allem Proben aus dem Rupelton im künftigen Baufeld, um zu ausreichend belegten bodenphysikalischen Kennwerten zu gelangen. Weitere Erkundungsmaßnahmen müßten auf die Feststellung von Störungen und die Verbesserung der Kenntnisse über das Liegende gerichtet sein. Daneben sind wesentliche Erkenntnisse über die hydrogeologischen Lagerungsverhältnisse, die Durchlässigkeiten sowie die Grundwasserandränge usw. zu gewinnen.

Die hier gegebenen Hinweise insgesamt sollten möglichst vor Beginn einer Lagerstättenerkundung beachtet werden, um die Zeit und die Kosten einer hydrogeologisch-bodenmechanischen Nacherkundung zu sparen und unserer Volkswirtschaft in kürzester Frist Rohstoffe zur Verfügung stellen zu können.

Zusammenfassung

Beim Abbau von Lockergesteinslagerstätten kann es wegen unzureichender Beachtung der hydrogeologischen und bodenmechanischen Verhältnisse zu vielfältigen Komplikationen kommen. Nicht vertretbare Abbauverluste oder der Verzicht auf vorhandene Rohstoffreserven sind oft die unmittelbare Folge. Am Beispiel einer Tonlagerstätte werden Art und Umfang der hydrogeologischen und bodenmechanischen Erkundung sowie die komplexe Auswertung aller verfügbaren geologischen, hydrogeologischen und bodenmechanischen Angaben und Kennwerte dargelegt. Diese Untersuchungen ermöglichen bereits in einem frühen Stadium der Abbauvorbereitung Rückschlüsse auf die zu erwartenden bergbautechnologischen Probleme.

Резюме

Разработка месторождений рыхлых пород может привести при недостаточных наблюдений гидрогеологических и почвенномеханических отношений к разнообразным осложнениям. Не допустимые потори разработки или отказ имеющих сырьевых запасов часто являются непосредственной последовательностью. На примере глинистого месторождения показываются вид и объем гидрогеологической и почвенномеханической разведки как и комплексная обработка всех имеющихся геологических, гидрогеологических и почвенномеханических данных и параметров. Эти исследования позволяют уже в ранней стадии подготвки разработки выводы об ожидаемых горно-технических проблемах.

Summary

Owing to an insufficient consideration of hydrogeological and soil-mechanical conditions many complications may occur when mining loose-rock deposits, an immediate result of which are unjustified mining losses or the renunciation of existing raw material reserves. A clay deposit serves as an example to show the method and extent of hydrogeological and soil-mechanical exploration, as well as the complex evaluation of all geological, hydrogeological and soil-mechanical informations and characteristic values available. These studies make it possible to draw conclusions on mining-technological problems to be expected already at an early stage of mining preparation.

Literatur

GLUGLA, H.: Zur Ermittlung der Grundwasserneubildung unter Berücksichtigung der Beziehungen zwischen Wärme- und Wasserhaushalt. — Wasserwirtsch.-Wassertechn., 20, 2, Berlin 1970.

HÄRTIG, H.; CIESIELSKI, R.: Grundlagen für die Berechnung von Tagebauen, Braunkohle, Steine-Erden-Tone. — VEB Deutscher Verlag Grundstoffind., Leipzig 1975.

SCHUBERT, K.: Böschungen. — VEB Deutscher Verlag Grundstoffind., Leipzig 1972.

STRZODKA, K.: Hydrotechnik im Bergbau und Bauwesen. — VEB Deutscher Verlag Grundstoffind., Leipzig 1975.

Autorenkollektiv: Grundriß der Geologie der DDR. — Akademie-Verlag, Berlin 1968.

Neue Erkenntnisse bei der Gewinnung und hydrochemischen Charakterisierung von Haftwässern[1)]

HÄHNE, R.; RASCHER, J., Freiberg

1. Einleitung

Versuche zur Gewinnung von Informationen über den Chemismus von Haftwässern unternahmen in den letzten 30 Jahren KRJUKOW & KOMAROWA (1954), SHEPARD & MOORE (1955), KRJUKOW u. a. (1968), MANHEIM & BISCHOFF (1969), MARCHIG (1970) u. a. m. Unter Haftwässern werden dabei nach ZUNKER (1930) alle die Wasserarten verstanden, die nicht Grundwasser sind, d. h. die nicht ausschließlich durch hydrostatische Druckänderungen bewegbar sind, was die Haftwässer im engeren Sinne, einschließlich der Wässer, die sich in abgeschlossenen Poren befinden, einschließt. Angaben über Mineralbestand und Isotopenverhältnisse von Haftwässern können neben einer möglichen Rekonstruktion des Bildungsmilieus der dieses Wasser speichernden Gesteine auch zur Klärung der Genese des Haftwassers selbst, der Migrations- bzw. Diffusionsprozesse durch pelitische Sedimente usw. beitragen.
In HÄHNE u. a. (1974) werden ausführlich einige Methoden der Gewinnung von Haftwässern geschildert, die Haftwasserabgabe in Abhängigkeit von Druck, mineralogisch-petrophysikalischen Bedingungen und Zeit diskutiert, der Chemismus der gewonnenen Wässer ausgewertet, sowie mögliche Wechselbeziehungen zwischen Gestein — Grundwasser — Haftwasser behandelt. Dabei blieben einige Fragen, vor allem jene nach der Anwendbarkeit der KRJUKOWschen Anfeuchtungsmethode bei der Gewinnung von Haftwässern aus Sedimenten mit relativ geringer natürlicher Feuchtigkeit, nach dem Einsatz effektiver Gewinnungsmethoden für Isotopen- und Edelgasanalysen sowie solche nach der eigentlichen Genese der Haftwässer offen.
Die folgenden Ergebnisse sind als Beitrag zur Klärung dieser Probleme zu verstehen.

2. Probenahme und Gewinnungsmethoden

Tertiäre Tone weisen eine relativ hohe natürliche Feuchtigkeit auf, sind z. T. sehr mächtig und homogen abgelagert, eignen sich deshalb sowohl für eine Gewinnung von Haftwasser als auch zur Lösung der Aufgabe. Proben solcher wenig permeablen Sedimente wurden bei Magdeburg (Rupelton) und in der Lausitz (Flaschenton) entnommen. Der im NW der DDR durchschnittlich etwa 50 bis 170 m mächtige, mitteloligozäne, graugrüne Rupel- oder Septarienton besteht am Probenahmeort zu 23 bis 36% aus Illit, 0 bis 16% Montmorillonit, 14 bis 16% Kaolinit, 3 bis 12% Kalzit, 0 bis 10% Kalifeldspat, 7 bis 10% Pyrit, 2 bis 3% Dolomit, 0 bis 4% Chlorit und zu etwa 14 bis 25% aus Quarzanteilen. Dabei sind die z. T. sehr hohen Karbonat- und Pyritgehalte im wesentlichen an Konkretionen gebunden.
Die Entnahme der für die Haftwassergewinnung notwendigen Probemenge erfolgte an einem frischen Tonanschnitt, etwa 5 m unter Geländeoberfläche. Dort wurden nochmals ca. 50 cm des Tons abgetragen, um möglichst ungestörte, naturfeuchte Verhältnisse erfassen zu können. Die Proben wiesen eine durchschnittliche natürliche Feuchtigkeit von 23% auf.
Die Entnahme von Proben des Lausitzer Flaschentons aus den Braunkohlentagebauen Welzow-Süd und Klettwitz erfolgte unter wesentlich ungünstigeren, weil gestörten Bedingungen. Die natürliche Feuchtigkeit der Proben lag bei ca. 16%.
Die Gewinnung der Haftwässer wird gegenwärtig vor allem mittels hydraulischer oder mechanischer Pressen oder Zentrifugen vorgenommen. Besonders beim Pressen sind interessante Nebeneffekte zu beobachten, wie z. B. die Abhängigkeit der Haftwasserabgabemenge von Druck, Auspreßzeit, mineralogischer Zusammensetzung des ausgepreßten Sediments, Nutzporosität, natürlicher Feuchtigkeit usw. Die Ausbeute von Haftwasser pro Zeiteinheit ist bei diesen Verfahren jedoch gering. Besser geeignet erscheint für die Gewinnung größerer Wassermengen, vor allem für Isotopenanalysen, die Destillation unter Vakuum. Die im Vakuumtrockenschrank unter $8 \cdot 10^{-1}$ atm und bei 120 °C trocknenden Tonproben geben innerhalb von 24 Stunden den Hauptteil des Haftwassers ab. Der mit Hilfe von flüssigem Stickstoff gekühlte Wasserdampf setzt sich als Destillat in einem Auffanggefäß ab. Verdunstungsverluste und vorzeitiges Niederschlagen des Wasserdampfes führen zu einer geminderten, jedoch im Vergleich zur Gewinnung mittels hydraulischer Pressen wesentlich höheren Ausbeute von ca. 30—35%.
Bei der Gewinnung von Haftwässern für Altersdatierungen mit der He—Ar-Methode ist ein Luftkontakt auszuschließen. Daher sind die oben genannten Verfahren hierfür ungeeignet.
In einem eigens für Altersbestimmungen von Haftwässern erarbeiteten Verfahren wird die etwas zerkleinerte Ton-

Eingang des Manuskripts in der Redaktion: 25. 11. 1976.
[1)] Sektionsveröffentlichung Nr. 641 der Bergakademie Freiberg, Sektion Geowissenschaften.

probe, nach PILOT[2]), in ein direkt an den Entgasungsteil des Massenspektrometers angeschlossenes Glasgefäß eingebracht. Um das Haftwasser gewinnen zu können, muß es zunächst eingefroren, das Gefäß danach luftleer gepumpt und das Wasser schließlich durch Erhitzen ausgetrieben werden. Kühlfallen halten den Wasserdampf zurück und nur die Edelgase einschließlich Verunreinigungen werden der Analyse zugeführt. Beim Erhitzen der Tonproben ist eine, mit dem relativ hohen Pyritgehalt verbundene, H_2S-Bildung zu beobachten.

3. Hydrochemisch-hydrophysikalische Charakterisierung der Haftwässer

Bei Versuchen zur Rekonstruktion der Haftwassergenese bedarf es einer möglichst genauen Bestimmung der Mineralisation, des Isotopeninhalts sowie des Alters dieser Wässer. Dabei muß beachtet werden, daß neben primären Faktoren, die zur heutigen chemischen Zusammensetzung des Haftwassers führen, wie z. B. Ausgangsmilieu, Mineralumbildungen, infilträre und salinare Einflüsse, auch Probenahme und Probenbehandlung den Chemismus verändern bzw. verfälschen können.

Der Ionenbestand der Haftwässer variiert in Abhängigkeit vom Gewinnungsdruck und von der künstlichen Anfeuchtung gering naturfeuchter Tonproben. Bei einer konstanten Preßkraft von ca. 570 kp weisen die aus naturfeuchten Tonen gewonnenen Haftwässer die in Tab. 1 dargestellten durchschnittlichen Ionengehalte (mg/l) auf.

Tabelle 1

	Rupelton (marin)	Flaschenton (limnisch)
Cl^-	5400	320
SO_4^{--}	4200	900
Na^+	3000	150
K^+	140	35
Mg^{++}	640	40
Ca^{++}	770	250
Gesamtmineralisation	14150	1695

Der marine Charakter der Rupeltonhaftwässer ist augenfällig und scheint auch in geologischer Zeit nicht wesentlich durch jüngere Infiltrationen beeinträchtigt worden zu sein.

Die bisher bei Tonproben mit einer natürlichen Feuchtigkeit von ca. 15% zur Gewinnung von Haftwässern praktizierte Anfeuchtungsmethode nach KRJUKOW u. a. (1968) erscheint zunächst geeignet, mit Hilfe einer Anreicherung der Proben mit destilliertem Wasser relativ genaue Angaben über den Chemismus der Haftwässer zu ergeben.

Zur Überprüfung der Anwendbarkeit dieses Verfahrens wurden zunächst naturfeuchte Rupeltonproben ausgepreßt (Tab. 2), danach Teile dieser Proben getrocknet, mit destilliertem Wasser versetzt, künstlich der ursprüngliche naturfeuchte Zustand wiederhergestellt und abermals mittels hydraulischer Pressen Haftwasser gewonnen.

Die bisherige Vermutung einer Verfälschung des Haftwasserchemismus durch die künstliche Anfeuchtung der Tonproben für die Haftwassergewinnung bestätigte sich (Tab. 2). Verantwortlich dafür dürften vor allem Lösungs- und Kationenaustauschprozesse sowie die mineralogische

Tabelle 2

	Rupelton [mg/l]	Flaschenton [mg/l]
Cl^-	4800	400
SO_4^{--}	4900	2200
Na^+	3400	150
K^+	250	65
Mg^{++}	480	75
Ca^{++}	930	480
Gesamtmineralisation	14760	3370

Zusammensetzung des jeweiligen Tons sein. Eindeutige Gesetzmäßigkeiten der Veränderung des Chemismus der Haftwässer durch die Anfeuchtung sind nicht abzulesen. SO_4^{--}, Ca^{++}, Na^+ und K^+ sowie die Gesamtmineralisation nehmen spürbar zu, Cl^- sowie Mg^{++} zeigen eine abfallende Tendenz beim Rupelton, möglicherweise durch Adsorption beim Trocknen der Probe infolge erhöhten Montmorillonitgehalts verursacht, sowie ein Ansteigen beim Flaschenton durch Auflösung von Karbonaten bei der Anfeuchtung hervorgerufen.

Die Höhe der Mineralisation des Haftwassers wird z. T. auch von dem bei der Auspressung aufgewendeten Druck beeinflußt (Abb. 1). Während die Alkalien eine relative Gewinnungsdruckunempfindlichkeit erkennen lassen, nehmen die anderen Ionen etwa bei einem Preßdruck von 380 kp ab. Diesen Effekt beobachtete bei der Gesamtmineralisation auch WALJASCHKO[3]). Die Bestimmung des Isotopenbestands sowie der Edelgasgehalte der Haftwässer ist, wie aus Abschnitt 2 zu entnehmen, nicht unproblematisch. Allerdings bieten solche Analysen interessante Hinweise für die Rekonstruktion der Genese dieser Wässer.

Zur Messung der Edelgasgehalte im Haftwasser der verwendeten vier Rupeltonproben diente das Massenspektrometer GD 150 Varian MAT. Da auf Grund der Nichtmeßbarkeit von ^{22}Ne bzw. ^{21}Ne die Altersbestimmung nach der He—Ne-Methode unmöglich war, erfolgte die Berechnung des Wasseralters nach KOSLOW (1950) und PAWLOW (1970). Voraussetzung dafür ist die rechnerische Trennung des Luftargons vom radiogenen Argon:

$$\frac{Ar_{rad}}{Ar_{ges}} = 1 - \frac{296{,}8}{(^{40}Ar/^{36}Ar)_{Probe} + 1{,}2} \quad \text{(ZARTMANN 1961)}$$

So ergeben sich, die Anwendbarkeit dieser Methoden vorausgesetzt, folgende physikalische Haftwasseralter (Tab. 3).

Tabelle 3

Probe	nach KOSLOW (1950) $t = \frac{He}{Ar} \cdot 115 \cdot 10^6$ ($K = 115 \cdot 10^6$ für gelöste Gase)	nach PAWLOW (1970) $t = \frac{He}{Ar}(2 \cdot 10^{11} \cdot He + 55 \cdot 10^6)$ ($K = 2 \cdot 10^{11} \cdot He + 55 \times 10^6$ für Tone)
1	$1{,}09 \cdot 10^6$ a	$0{,}52 \cdot 10^6$ a
2	$0{,}40 \cdot 10^6$ a	$0{,}19 \cdot 10^6$ a
3	$0{,}41 \cdot 10^6$ a	$0{,}19 \cdot 10^6$ a
(4	$2{,}59 \cdot 10^6$ a	$0{,}25 \cdot 10^6$ a)*)

*) Edelgasverluste bei der Haftwassergewinnung

[2]) Mündliche Mitteilung an die Autoren.

[3]) Mündliche Mitteilung an die Autoren, 1976.

Als ein wichtiger Einflußfaktor auf das berechnete Wasseralter erweist sich die Lagerungsdauer der Tonproben, wobei der He-Gehalt mit der Zeit nach der Probenahme eindeutig abnimmt (Abb. 2). Eliminiert man diesen Fehler durch Verlängerung der Verlustkurve zurück bis zum Probenahmetag, so ergeben sich Alter um etwa $3 \cdot 10^6$ a. Ein gemessenes $^4He/^{20}Ne$-Verhältnis von 3 (bei luftgesättigtem Wasser nach MAZOR (1972) etwa 0,2) spricht gegen einen möglichen Luftkontakt der Haftwasserproben, so daß das erzielte Ergebnis von meßtechnischer Seite als relativ sicher angenommen werden kann.

$\delta^{18}O$-Analysen an Haftwässern aus jeweils 3 naturfeuchten und 3 künstlich angefeuchteten Rupeltonproben weisen ähnliche Resultate auf, wie Tab. 4 zeigt.

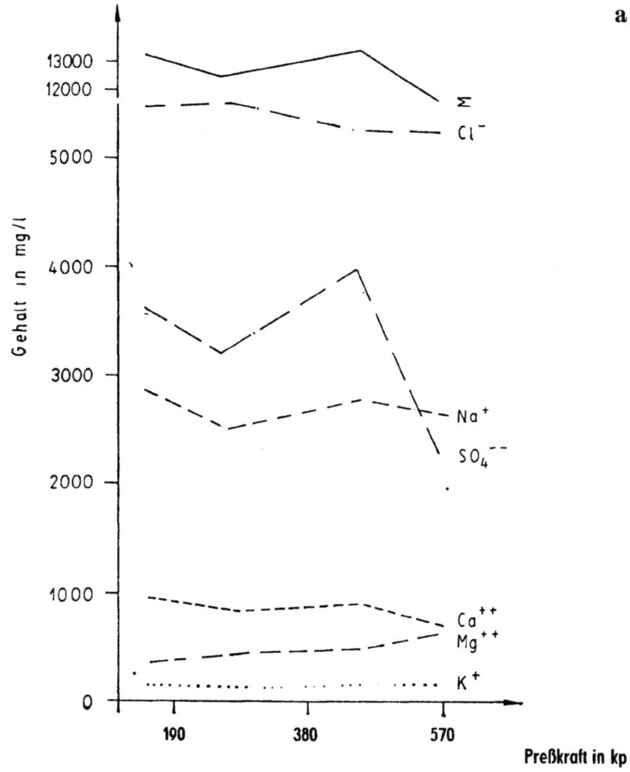

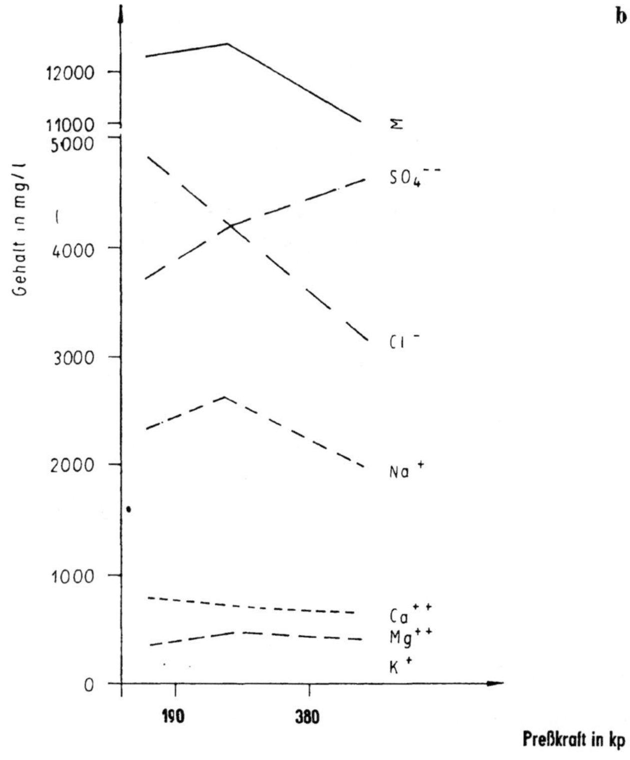

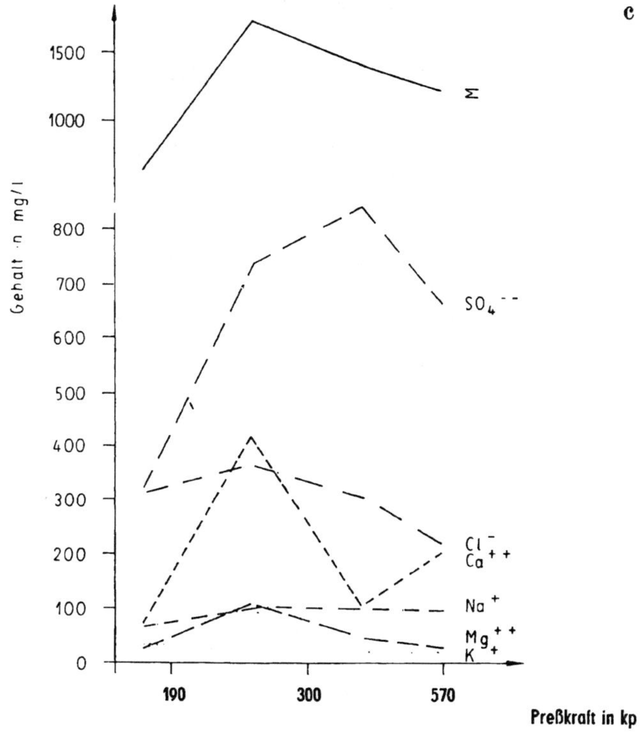

Abb. 1. Gewinnungsdruckabhängigkeit der Haftwässer
a) aus naturfeuchtem Rupelton
b) aus künstlich angefeuchtetem Rupelton
c) aus naturfeuchtem Flaschenton

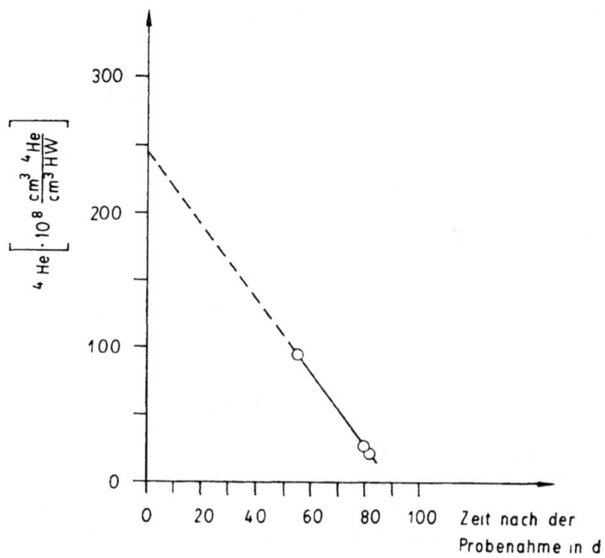

Abb. 2. Diffusionskurve des Heliums in Abhängigkeit von der Lagerungszeit der Rupeltonproben

Zeitschrift für angewandte Geologie, Bd. 24 (1978), Heft 2

Tabelle 4

Probe	$\delta^{18}O$ SMOW in Haftwasser aus naturfeuchten Proben (‰)	$\delta^{18}O$ SMOW in Haftwasser aus wiederangefeuchteten Proben (‰)
1	−10,7	
2	−10,4	
3	−10,6	
4		−14,5
5		−11,6
6		−11,9
7	−11,8	
8	−8,3	−12,9
9	−3,2	
10	−9,5	−12,3
11		−16,2
12	−4,7	−13,4
13	−10,3	
Aqua dest.		−13,7

Die Proben 1 bis 9 wurden durch Auspressen mit einer Kraft von 500 kp, die Proben 10 bis 13 durch Destillation unter Vakuum gewonnen. Die $\delta^{18}O$-Analyse an Haftwässern von mit destilliertem Wasser versetzten Tonproben diente der Feststellung von möglichen Isotopenfraktionierungen zwischen Ton und Haftwasser.

Tyler & Bruce (1973) preßten destilliertes Wasser sowie eine 0,01 n NaCl-Lösung durch eine wenige Zentimeter starke Montmorillonitscheibe mit der Porosität von 35%. Das Filtrat war gegenüber der Ausgangslösung um 0,8‰ an ^{18}O erniedrigt.

Ein ähnlicher Effekt ist in den vorliegenden Ergebnissen nur in seiner Tendenz ablesbar. Die ^{18}O-Anreicherung in den Haftwässern nach Wiederanfeuchtung könnte möglicherweise auch durch noch vorhandene Haftwasseranteile vor der Anfeuchtung mit destilliertem Wasser hervorgerufen werden, da die Wässer aus naturfeuchten Proben, wie aus Tab. 4 zu ersehen ist, ausnahmslos höhere $\delta^{18}O$-Werte aufweisen.

4. Schlußfolgerungen

Aussagen über die Genese von Haftwässern sind prinzipiell nur schwer möglich, da diese besonders eng an den Gesteinsverband gebundenen Wässer einer Vielzahl von chemischen Austauschprozessen unterliegen. Während der Diagenese stehen vor allem Tone in einem innigen chemischen Wechselverhältnis mit dem Haftwasser. So deutet die Mineralisation der Wässer zwar auf den marinen Ursprung des Rupeltons bzw. den limnischen Charakter des sogenannten Flaschentons hin; die Isotopen- und Edelgasanalysen scheinen aber einen sekundären Einfluß auf die Haftwässer zu belegen (Abb. 3). Sowohl die Berechnung der Wasseralter nach der sicherlich noch nicht ausgereiften He—Ar-Methode als auch die $\delta^{18}O$-Bestimmungen führen zu dem Schluß, daß trotz großer Mächtigkeit, vor allem des Rupeltons, in geologischer Zeit ein Infiltrationseinfluß atmosphärischen Ursprungs vorhanden sein konnte. Den Mechanismus dieses Infiltrationsvorgangs und die damit im Zusammenhang stehenden Ionenaustauschprozesse zu klären, erscheint zur Zeit noch nicht sicher möglich.

Mit den beschriebenen Methoden der Haftwassergewinnung dürften die Voraussetzungen für weitere Untersuchungen zur Genese der Haftwässer, insbesondere zum Diffusionsmechanismus in Tonen, gegeben sein. Fehlerquellen bei diesen Arbeiten, wie z. B. Art und Weise der Entnahme

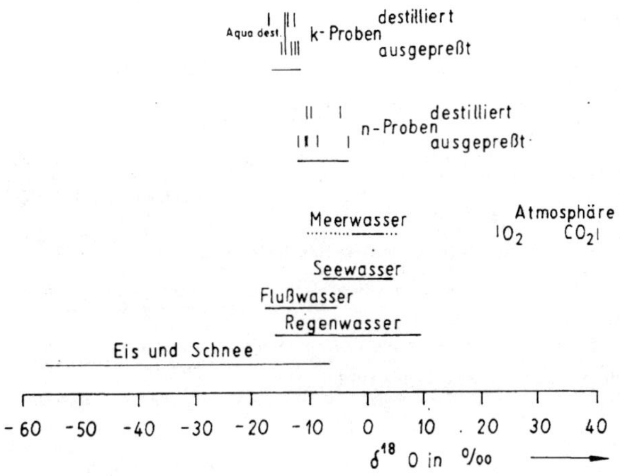

Abb. 3. Die $\delta^{18}O$-Gehalte in Rupeltonhaftwässern im Vergleich zur Verteilung der Sauerstoffisotope in der Natur (aus Rösler & Lange 1972)

von Tonproben am Stoß, Gültigkeit der Koeffizienten K für Altersbestimmungen bei Haftwässern, mögliche Isotopenfraktionierung bzw. Verdunstungsprozesse bei der Haftwassergewinnung, Lagerungszeit der Tonproben usw. müßten weitgehend ausgeschaltet werden, um in Zukunft aussagesichere Ergebnisse erhalten zu können.

Zusammenfassung

Als Beitrag zur Rekonstruktion der Genese von Haftwässern und in Fortführung früherer Arbeiten werden zunächst Erfahrungen bei der Gewinnung dieser Wässer aus gering permeablen känozoischen Gesteinen vermittelt. Die Bestimmung des Chemismus der Haftwässer mit Hilfe der Anfeuchtungsmethode nach Krjukow u. a. wird kritisch geprüft. Breiten Raum nehmen vorerst technisch nur schwer realisierbare Untersuchungen zu Isotopenverteilung und Edelgasgehalt in solchen Wässern ein. Erste $\delta^{18}O$-Analysen und ermittelte physikalische Alter nach der He—Ar-Methode deuten auf eine sekundäre atmosphärische Beeinflussung des ursprünglich marinen Rupeltonhaftwassers hin.

Резюме

Как вклад для реконструкции генезиса остаточных вод и как продолжение прежных работ передаются сперва опыты при добыче таких вод из мало проницаемых кайнозойских пород. Определение химизма остаточных вод при помощи метода овлажнения по Крюкову и др. критически проверяется. Широкое пространство принимает сперва технически только трудно реализируемые исследования по размещению изотопов и по содержанию благородных газов в таких водах. Первые анализы $\delta^{18}O$ и выясненны физический возраст по методу He—Ar указывают на вторичное атмосферное влияние первоначально морских остаточных вод рупельской глины.

Summary

Experiences made with the winning of adhesive waters from slightly permeable caenozoic rocks are described as a contribution to the reconstruction of their genesis and in pursuance of earlier studies. The determination of the chemism of adhesive waters by means of the moistening method according to Kryukov et al. is subjected to a critical examination, with studies of isotope distribution and rare-gas content in such waters playing an important role for the present, in which, however, technical difficulties arise in attempting to realize them. Early $\delta^{18}O$ analyses and physical ages determined by the He—Ar method indicate secondary atmospherical influences of the originally marine adhesive water of septarian clay.

Literatur

CRAIG, H.: Isotopic Variations in Meteoric Waters. – Science, 133, 1702–1703, Washington 1961.

DEGENS, E. T.: Die geochemische Verteilung von Sauerstoffisotopen in Vergangenheit und Gegenwart. – Ber. Phys. Gesellsch. Würzburg, 69, 128–133, Würzburg 1958/59.

KRJUKOW, P. A.; KOMAROWA, N. A.: Ob atshimaniiwody is glin pri swerchwysokich dawlenijach. – Dokl. AN SSSR, 99, 617–619, Moskau 1954.

KRJUKOW, P. A. u. a.: Porowye wody i ich metod issledowanija. – Isdat. Nauka i Technika, Minsk 1968.

MANHEIM, F. T.; BISCHOFF, J. L.: Geochemistry of pore waters from Shell Oil Company drill holes on the continental slope of the northern Gulf of Mexico. – Chem. Geol., 4, 1/2, 63–82, Amsterdam 1969.

MARCHIG, V.: Porenwässer in rezenten Sedimenten vor der indisch-pakistanischen Küste und Rückschlüsse auf frühdiagenetische Vorgänge. – Geol. Rdsch., 60, 1, 275–293, Stuttgart 1970.

MAZOR, E.: Paleotemperatures and other hydrogeological parameters deduced from noble gases dissolved in groundwaters. – Geochim. et cosmochim. Acta, 36, 1321–1336, London 1972.

MILDE, G.; HÄHNE, R.: Gewinnungsmethoden und Chemismus von Haftwässern aus mesozoischen Sedimentproben und genetische Rückschlüsse. – Z. angew. Geol., 20, 6, 261–267, Berlin 1974.

PAWLOW, A. N.: Über die Bestimmung des Alters unterirdischer Wässer mit Hilfe der He–Ar-Methode. – Sow. Geol., 13, 10, 140–148, Moskau 1970.

RÖSLER, H.-J.; LANGE, H.: Geochemical tables. – Verl. Edition, Leipzig 1972.

SHEPARD, F. P.; MOORE, G. D.: Central Texas coast sedimentation. – Bull. Amer. Assoc. Petrol. Geol., 39, 1463–1593, Tulsa 1955.

SKEMPTON, A. W.: The consolidation of clays by gravitational compaction. – Quart. J. Geol. Soc. London, 125, 373–412, London 1970.

TAGEJEWA, N. W.; TICHOMIROWA, M. M.: Geochimija porowich wod pri diagenese morskich osadkow. – Isdat. AN SSSR, Moskau 1962.

TETZLAFF, U. u. a.: Erfahrungen bei der Anwendung der He–Ar-Methode zur Bestimmung des physikalischen Grundwasseralters und zur Klärung praktischer hydrogeologischer Probleme. – Z. angew. Geol., 19, 3, 142–147, Berlin 1973.

TYLER, D.; BRUCE, B. H.: Ultrafiltration by a compacted clay membrane. – Geochim. et cosmochim. Acta, 37, 2295–2310, London 1973.

ZARTMANN, R. E. u. a.: Helium, argon and carbon in some natural gases. – J. geophys. Res., 66, 277–306, Washington 1961.

ZUNKER, F.: Das Verhalten des Bodens zum Wasser. In: Handbuch der Bodenlehre, Bd. IV. – Springer-Verlag, Berlin 1930.

Geologischer Bau und Erdöl-Erdgas-Führung im Aquatorialanteil der Baltischen Syneklise[1)]

WOLKOLAKOW, F. K.; POLIWKO, I. A.; AGALZOWA, E. N.; JAKOWLEWA, W. I., UdSSR

Referiert von KATZUNG, G., Berlin

Die Baltische Syneklise, eine der großen Deckgebirgsstrukturen am Südwestrand der Osteuropäischen Tafel, gehört zu den Bereichen mit industriell gewinnbaren Erdölvorräten. Ihr weit in die Ostsee hinein reichender Westteil wird seit Anfang der 60er Jahre von verschiedenen Seiten vor allem geophysikalisch untersucht. Die vorliegenden Ergebnisse ermöglichen, zusammen mit den Daten vom baltischen, polnischen und schwedischen Festland, von Bornholm, Öland, Gotland, Gotska Sandön, den Ålandinseln, Hiiumaa und Saaremaa, eine erste zusammenfassende Interpretation ihres Aquatorialanteils.

1. Aufbau

Kristallines Fundament

Am Aufbau des bis zu 3500 m tief abgesunkenen kristallinen Fundaments sind Archaikum, Unteres, Mittleres, Mittleres bis Oberes Proterozoikum beteiligt. Der südliche, zentrale und östliche Teil wird von verschiedenartigen archaischen Gneisen, Schiefern, Granitoiden, Basiten und Ultrabasiten eingenommen (Komplex der belomoridischen Faltung), in dem proterozoische Intrusivmassive aufsetzen (Pommerisches und Kurzememassiv). Im Nordwest- und Nordteil sind aus Grauwackenschiefern, Gneisen, Leptiten, Vulkaniten und Quarziten aufgebaute altproterozoische (svekofennidische) Komplexe mit mittel- bis jungproterozoischen Rapakiwigraniten (Småland-, Åland- und Wyborg-Massiv) verbreitet.

Oberes Proterozoikum

Das Tafeldeckgebirge beginnt mit Ablagerungen des Oberen Proterozoikums. Es handelt sich um vulkanogene und rotfarbene terrigene Gesteine: Quarzporphyre, die den sauren subjotnischen Vulkaniten in Südschweden gleichen, bzw. Tuffe; darüber Quarzsandsteine mit Tonsteinen und Konglomeraten. Sie füllen eine grabenartige Senke, die sich annähernd submeridional in SSW–NNE-Richtung zwischen Gotland-Öland und der baltischen Küste erstreckt. Im polnischen und lettischen Küstengebiet sind sie mit Mächtigkeiten von 35 bis 120 m angetroffen worden; auf Bornholm schwankt ihre Mächtigkeit zwischen 70 und 100 m. Sie werden gewöhnlich als Wendium eingestuft bzw. mit dem vulkanogen-sedimentären Jotnium verglichen. Im E Litauens, Lettlands und Estlands liegt über dem Fundament eine buntfarbene sandig-tonige, bis über 300 m mächtige Folge, die der Waldaiserie des Wendiums zugeordnet wird.

Das Kambrium

greift sowohl nach W (Öland, Gotland) als auch nach E auf das Fundament über. Während des Unterkambriums wird im E eine Verbindung zur Senke von Wilnjus-Pskow hergestellt; lediglich nördlich Riga besteht noch eine Insel. Im Mittel-/Oberkambrium ist das Becken von SE (Minsk–Wilnjus) eingeschnürt. Das Beckenzentrum liegt während des gesamten Kambriums im Aquatorium über dem Jungproterozoikum. Die Senkenachse taucht bei Mächtigkeiten um 100 m auf Saaremaa und von 500 m westlich Gdansk nach S ein. Es sind insgesamt terrigene, sandig-aleurolithisch-tonige Ablagerungen bei Vormacht der Sandsteine.

Ordovizium

Mit dem Unteren Ordovizium verlagert sich der Bereich relativ stärkster Absenkung nach NE auf das Festland (Lettland — 250 m, Estland — 200 m). Die vorherrschend karbonatischen Gesteine des Ordoviziums werden in einem WSW–ENE streichenden Becken sedimentiert. Gleiches Streichen weisen die Senkenachsen und eine langgestreckte Insel westlich Pskow auf, die während des Unteren Ordoviziums ein nördliches (südlich Tallin) und ein südliches Senkungszentrum (östlich Riga) trennt. Während des Mittleren Ordoviziums bildet sich eine einheitliche Senke mit dem Zentrum westsüdwestlich Riga heraus. Ein karbonatisch-toniger Faziesbereich breitet sich aus dem Raum Gdansk–Kaliningrad ostnordostwärts aus, so daß am Ende des Ordoviziums die karbonatische Fazies auf den Nordwest- und Nordrand (Öland,

[1)] Originaltitel: Geologitscheskoje stroenie i neftegasonosnost akwatorialnoi tschasti baltijskoi syneklisy. — Riga: Isdat. „Sinatne“ 1977, 135 S., 38 Abb., 191 Lit., 1 Taf.

Gotland, Saaremaa, Tallin, Pskow) und den Südostrand des Beckens beschränkt ist. Merkliche Bitumengehalte sind aus dem Unteren Ordovizium im Gebiet von Kaliningrad, Kukersite aus dem Oberen Ordovizium südöstlich Tallin bekannt.

Silur

Während des Unteren Silurs bleibt die Beckenkonfiguration im wesentlichen erhalten; von E erfolgt allerdings eine Einschnürung. Das Senkenzentrum mit 300 m Mächtigkeit liegt nordwestlich Riga. Die im Ordovizium begonnene lithologische Differenzierung verstärkt sich: Die rein karbonatische Fazies mit Brachiopodenfauna und Riffmassiven wird auf den Nordrand zurückgedrängt (Nordteil der Insel Gotland und Estland); die karbonatisch-tonige Fazies mit Graptolithen ist im mittleren und östlichen Teil (Gotland—Riga—Wilnjus) ausgebildet; im Raum Bornholm—Gdansk—Kaliningrad und im Westteil Litauens entwickelt sich eine tonig-argillitische Fazies. Bemerkenswert ist die Bitumenführung im Südostteil des Beckens (Kaliningrad—Wilnjus). Diese Faziesaufgliederung bleibt während des Oberen Silurs im wesentlichen bestehen. Der Sedimentationsraum wird aber im E weiter eingeengt, und das Beckenzentrum verlagert sich weiter westwärts in das Aquatorium. Die Senkenachse folgt annähernd der kambrischen; sie taucht in Richtung auf die polnische Küste nach SW ein, wo maximale Mächtigkeiten von mehr als 2000 m westlich Gdansk in der Bohrung Lebork belegt sind (gegenüber knapp 200 m Untersilur). Der schon während des Ordoviziums bestehende Rücken westlich Pskow dehnt sich über Riga hinaus nach WSW aus und teilt eine Nebensenke ab, die sich nördlich Kaliningrad und Wilnjus ostwärts erstreckt.

Das Devon

ist in seiner Verbreitung gegenüber den älteren paläozoischen Ablagerungen größtenteils erheblich eingeengt. Das ältere Unterdevon (Gargschdaiserie) füllt zwei allseitig geschlossene Becken: eines im westlichen Lettland (Nord-Kurzeme) — über der Hauptsenkungsachse des Obersilurs — und eines, das der Achse der zuvor erwähnten Nebensenke nördlich Kaliningrad und Wilnjus folgt und dann nach NE (Richtung Pskow) umschwenkt. Es ist eine rotfarbene, bis über 250 m mächtige, teilweise (Küste Litauens) bituminöse karbonatisch-tonig-sandige Abfolge, die konkordant an das Obere Silur anschließt. Während des jüngeren Unterdevons (Kemerserie) weitet sich der Sedimentationsraum nordwärts und vor allem ostwärts aus. Die buntfarbenen tonig-sandigen Ablagerungen von maximal 100 m Mächtigkeit liegen winkeldiskordant über der Gargschdaiserie und greifen auf Silur und Unteres Paläozoikum über. Im südwestlichen Lettland (Priekule) sind die Sandsteine im unteren Teil der Serie schwach bituminös.

Das Mitteldevon dehnt sich nordost- und südostwärts aus. Der untere Teil der Abfolge ist sandig, der mittlere tonig-karbonatisch und der obere wieder sandig ausgebildet. Die Gesamtmächtigkeit des Mitteldevons erreicht 460 m. Der Sedimentationsbereich des Oberdevons ist von N und S eingeengt. Das bis 500 m mächtige Profil besteht aus einer zyklischen Abfolge sandig-toniger und sulfatisch-karbonatischer Gesteine. Unten dominieren Sandsteine, Aleurolithe und Tonsteine, darüber Kalke (mit allen Stufen der Dolomitisierung), dolomitische Mergel und Dolomite, teilweise auch Tone. Weiterhin sind hier Gipse und Anhydrite sowie Karstbrekzien anzutreffen. Im oberen Teil fehlen sulfatische Gesteine; hier findet man unter den karbonatischen Sedimenten organodetritische Kalke.

Ablagerungen des jüngeren Unterdevons und des Mitteldevons nehmen größere Bereiche des sowjetischen Aquatoriums zwischen Saaremaa, Gotland und der polnischen Küste ein. Die Beckenachse streicht — wie im Ordovizium — generell WSW—ESE über Riga oder südlich davon.

Das Karbon

ist auf eine sehr kleine Fläche im westlichen Grenzgebiet Litauens und Lettlands beschränkt. Es sind Dolomite mit Mergeln und Tonen im unteren sowie feinkörnigen Sandsteinen mit dünnen Tonlagen im oberen Profilabschnitt. Diese bis 130 m mächtige Abfolge gehört in das Unterkarbon.

Perm

Die postkarbonischen Ablagerungen sind, abgesehen vom Quartär, auf den Südteil des hier betrachteten Areals beschränkt. Das Perm liegt winkeldiskordant auf älteren Einheiten bis einschließlich Kambrium. Das Untere Perm (Rotliegendes) füllt eine schmale und flache Senke im Grenzgebiet UdSSR/VR Polen. Es handelt sich um eine maximal 60 m mächtige Folge von Arkosesandsteinen mit geringmächtigen karbonatischen und gipsführenden Einschaltungen. In Nordpolen wurde Weißliegendes erbohrt. Das Untere Perm fehlt im Aquatorium. Das Obere Perm (Zechstein) erstreckt sich demgegenüber weiter nordwärts bis nach Südlettland und die südliche Ostsee. Es liegt diskonform auf Ablagerungen des Unteren Perms bis einschließlich zum Silur. Von den vier aus der Mitteleuropäischen Senke bekannten Zyklen sind im eigentlichen Baltikum nur die Werraserie, die Staßfurtserie und der untere Teil der Leineserie ausgebildet. Die Gesamtmächtigkeit nimmt von 30 m im südlichen Lettland nach S auf 350 m im Gebiet von Kaliningrad zu. An eine karbonatische Fazies schließen südwärts eine karbonatisch-anhydritische Übergangszone und ein halitisch-anhydritischer Faziesbereich an.

Mesozoikum und Känozoikum

sind insgesamt geringmächtig und in Randfazies entwickelt. Lediglich der Buntsandstein weist Mächtigkeiten von mehreren hundert Metern auf.

2. Strukturgeologische Einheiten

In struktureller Hinsicht werden über dem kristallinen Fundament folgende durch regionale Diskonformitäten getrennte Einheiten ausgeschieden: ein riphäisch-unterdevonisches, ein devonisch-karbonisches und ein permisch-neogenes Stockwerk. Das bezüglich seiner Erdöl-Erdgas-Führung besonders interressierende untere Stockwerk ist in Strukturen unterschiedlichen Ranges differenziert:

1. Megasenken: Estnische und Litauische Megasenke;
2. Rücken, die beide Megasenken trennen: Liepaja-, Kuldiga- und Saldasrücken;
3. Teilsenken innerhalb der Megasenken: Vorliepaja-, Priekule-, Kurische und Gdansker Senke;
4. lokale Hochlagen: Bis zum Jahre 1975 waren etwa 70 derartige Strukturen vor allem in der Litauischen Megasenke sowie im Bereich der Rücken nachgewiesen und zwar sowohl auf dem Festland als auch im Aquatorium. Bei Dimensionen von 3 bis 15 km Länge und 2 bis 7 km Breite erreichen sie Flächen bis zu

80 km² und Amplituden von 20 bis 50 m, teilweise 70 m bis 100 m. Die flächenmäßig größten weisen auch die größten Amplituden auf (Kuldiga, Krasnoborsk, Laduschkin, Liepaja-Meer). Es sind Branchyantiklinalen, Kuppeln und Strukturnasen.

3. Erdöl-Erdgas-Höffigkeit

Die einzelnen stratigraphischen Einheiten haben hinsichtlich der Erdöl-Erdgas-Höffigkeit unterschiedliche Bedeutung. Die größte Perspektivität besitzen das Mittlere und Obere Kambrium sowie das Obere Ordovizium. Für das Küstengebiet der Ostsee wird folgende Einschätzung gegeben:

Mittel- und Oberkambrium

Die erdölführenden Schichten treten im oberen Teil der Abfolge auf. Sie sind im gesamten Baltikum, in Nordpolen sowie auf Bornholm, Öland und Gotland bei einer Mächtigkeit von 30 bis 100 m in Tiefen von 700 bis 3500 m verbreitet. Die Speicher — zwei bis sechs 5 bis 30 m mächtige, durch Aleurolith- und Tonlagen getrennte Quarzsandsteine — werden insgesamt 10 bis 60 m mächtig. Neben zahlreichen Erdöl- und Erdgasanzeichen wurden industrielle Erdölzuflüsse erzielt. Im Baltikum sind mehr als 10 Lagerstätten vom strukturellen Typ nachgewiesen. Die Höhe der Fallen beträgt 20 bis 40 m, und die lokalen Hochlagen messen im Mittel $7{,}5 \times 6{,}0$ km; lediglich Krasnoborskoje ist größer. Aus Nordpolen ist eine Erdölfalle bekannt. In Südschweden (Scania), auf Bornholm und Südöland sind die erdölführenden Schichten z. T. als Alaunschiefer mit Einschaltungen bituminöser Kalke ausgebildet. Auf Öland wurden in diesen Gesteinen auch Erdölanzeichen festgestellt. In Schweden enthält der Alaunschiefer 5 bis 8% Erdöl; eine Tonne Alaunschiefer liefert 40 bis 45 m³ Gas sowie Erdöl mit einer Dichte von 0,97.

Unteres Ordovizium

Der erdölführende Horizont von 0,2 bis 1,5 m Stärke besitzt im Küstengebiet Lettlands eine beschränkte Verbreitung. Es handelt sich um einen Quarzaleurolith mit Porositäten von 2 bis 16% und Permeabilitäten bis zu 19 md. Neben Erdölanzeichen am Kern ist in einigen Bohrungen auch Erdöl zugeflossen.

Mittleres Ordovizium

In diesem Niveau führen organodetritische und feinkörnige 17 bis 30 m mächtige Kalke auf allen untersuchten Strukturen im W Lettlands, im östlichen Kaliningrader Gebiet sowie im angrenzenden Südwestteil Litauens Erdöl. In den Kluftporenspeichern wurden zahlreiche Erdölanzeichen und nur auf der Struktur Kuldiga auch ein unbedeutender Zufluß festgestellt.

Oberes Ordovizium

Auch hier sind die erdölführenden Schichten an den oberen Profilteil gebunden. Im Baltikum sind sie 3 bis 30 m mächtig. Es sind verschiedenartige Kalke mit 1,5 bis 14,7% Porosität und bis 26 md Permaebilität. Außer zahlreichen Anzeichen sind auf verschiedenen lokalen Hochlagen Erdölzuflüsse bis zu mehreren hundert Litern pro Tag erzielt worden, auf der Lagerstätte Gusewskoje 2,6 t/d. In Nordpolen und auf Gotland wurden nur schwache Erdölanzeichen beobachtet. Silur, Devon, Karbon und Perm sind im Baltikum nur gering perspektiv. Erdölanzeichen traten lediglich sporadisch auf.

Die Einschätzung der Erdöl-Erdgas-Perspektivität des Aquatorialanteils der Baltischen Syneklise basiert in erster Linie auf einer regionalen Analyse der die Kohlenwasserstofführung bestimmenden Bedingungen:

Stratigraphie und Lithologie

Die erdölführenden Schichten des Mittel- und Oberkambriums sind im gesamten Aquatorium verbreitet; die Aleurolith- und Toneinschaltungen werden allerdings mächtiger und westwärts, in Richtung auf Öland, verlieren die Sandsteine und Aleurolithe an Bedeutung. Im Übergangsbereich von der sandigen in die tonige Fazies können an der Westflanke der Syneklise lithologische Fallen ausgebildet sein. Die Schichten werden wie auf dem Festland von tonig-karbonatischen Gesteinen des Ordoviziums überlagert, die eine zuverlässige Abdeckung darstellen.

Der tonig-karbonatische Komplex des Ordoviziums und Silurs ist im gesamten Aquatorium in analoger Ausbildung wie auf dem Festland entwickelt. Das obere Ordovizium dürfte die größte Perspektivität haben. Nach NW keilt er allerdings aus, und in südwestlicher Richtung wird er zunehmend mergelig-tonig.

Struktureller Bau

Hinsichtlich der strukturellen Bedingungen besitzen die lokalen Hochlagen als Fallen die größte Bedeutung. Sie sind auch im Aquatorium nachgewiesen, jedoch bis auf die Struktur Liepaja-Meer noch nicht näher untersucht worden. Aufmerksamkeit verdienen weiterhin Verwerfungen sowohl im Zusammenhang mit der Fallenbildung als auch für weitreichende vertikale Migrationen.

Speicher

Die mittel/oberkambrische Abfolge dürfte Speicher westwärts, etwa bis zur Linie Koszalin—Gotland, führen. Nur im Nordteil (zwischen Gotland und Lettland) werden Porenspeicher, sonst Kluftspeicher erwartet. Westwärts dürften sich die Speicherqualitäten auf Grund des lithologischen Wechsels erheblich verschlechtern, so daß der Westteil des Aquariums aus dem perspektiven Gebiet auszuklammern ist.

Das Obere Ordovizium enthält Kluftporenspeicher im Nordteil und reine Kluftspeicher im Südteil des Aquatoriums, wobei sich die Speichereigenschaften infolge des in südlicher Richtung zunehmenden Tongehalts der Kalksteine verschlechtern.

Hydrogeologie

Das riphäische-unterdevonische Stockwerk stellt im Küstengebiet der UdSSR und der VR Polen einen hydrogeologisch geschlossenen Komplex dar. Im Westteil, einschließlich der Inseln Gotland und Bornholm, erfolgt ein mehr oder weniger starker Wasseraustausch. Die Ostküste Schwedens ist als hydrogeologisch offen einzuschätzen.

Die Analyse zeigt insgesamt, daß ein großer Teil des Aquatoriums als perspektiv eingeschätzt werden kann. Wie auf dem Festland trifft das vor allem für die erdölführenden Schichten des Mittel- und Oberkambriums zu, die regional weit verbreitet sind, eine beachtliche Mächtigkeit, zufriedenstellende Speichereigenschaften sowie lokale Hochlagen als Fallen in Tiefen zwischen 600 und 3000 m aufweisen.

Zeitschrift für angewandte Geologie, Bd. 24 (1978), Heft 2

Untersuchung der dispersen organischen Substanz zur Bestimmung von Maßstäben der Erdöl- und Erdgasbildung[1]

MAKSIMOW, S. P., Moskau

Unter den heutigen Bedingungen wird die Wissenschaft zur Produktivkraft, insofern sich ihre Errungenschaften und Entdeckungen in der Produktion materialisieren. Die Überprüfung durch die Praxis ist das beste Kriterium für die Richtigkeit und Bedeutung wissenschaftlicher Erkenntnisse. Die Hypothese von der anorganischen Entstehung des Erdöls hielt der Überprüfung durch die Praxis der geologischen Such- und Erkundungsarbeiten nicht stand. Auch die Vorstellungen von den oxidierenden Fazies als dem günstigsten Medium für die Bildung von Erdölkohlenwasserstoffen und gasförmigen Kohlenwasserstoffen und eine Reihe anderer unlängst noch auf den Schild erhobener Thesen werden jetzt mehr und mehr fallengelassen.

Die Wissenschaft von der organischen Substanz (im folgenden OS) entwickelt sich dank der schnellen Vervollkommnung der instrumentellen Forschungstechnik stürmisch weiter. Es vertiefen und erweitern sich die Vorstellungen von der Zusammensetzung und dem Bau der einzelnen Fraktionen der OS. Auf ihrer Grundlage werden Vorstellungen über die Rolle der Bestandteile der OS in den Prozessen der Erdöl- und Erdgasbildung geschaffen. Eine sorgfältige geologisch-geochemische Interpretation der Daten gestattet es, mit einem großen Sicherheitsgrad die Faktoren zu beurteilen, die auf die Prozesse der Umwandlung der dispersen OS (im folgenden DOS) einwirken, sowie auf die damit zusammenhängende qualitative und quantitative Seite der Erdöl- und Erdgasbildung.

Das Grundanliegen der im WNIGNI[2] durchgeführten Untersuchungen der DOS ist die Nutzung ihrer Ergebnisse für die Lösung von Fragen nach der Genese von Erdöl und Erdgas, nach den Perspektiven der Erdöl- und Erdgasführung bestimmter erdöl- und erdgasführender Becken der UdSSR und nach der Prognostizierung der qualitativen Zusammensetzung von Kohlenwasserstofffluiden. Der Komplex der geochemischen Untersuchungen im WNIGNI ist sehr umfangreich und umfaßt serienhafte und detaillierte optische und chemische, chromatographische und massenspektrometrische Methoden. Sie geben die Möglichkeit, die DOS sowohl im ganzen in ihrer Wechselbeziehung mit dem Nebengestein zu studieren, als auch die Gruppen- und individuelle Zusammensetzung der Verbindungen einzelner Fraktionen. Parallel mit der DOS wird die Zusammensetzung der OS von unterirdischen Wässern sowie des Erdöls und Erdgases untersucht. Ferner laufen Arbeiten zur Rekonstruktion der Paläotemperaturgeschichte von erdöl- und erdgasführenden Becken. Nur ein Komplex derartiger Untersuchungen gibt die Möglichkeit, eine richtige Vorstellung von den quantitativen und qualitativen Zusammenhängen in dem System „generierende OS der Erdöl-Erdgas-Muttergesteine — gelöste OS der unterirdischen Wässer — disperse epigenetische Bitumina — sorbiertes und freies Gas in den Schichtfolgen — Erdöl und Erdgas in den Lagern" zu entwickeln.

Es ist unmöglich, in einem kurzen Aufsatz alle Fragen dieser Art im Detail zu behandeln. Deshalb sollen nur einige Hauptfragen betrachtet werden. Hierzu zählt in erster Linie die nach dem Verhältnis der Maßstäbe für die Erdöl- und Erdgasbildung in den Erdöl-Erdgas-Muttergesteinsfolgen in den verschiedenen Etappen der Lithogenese. Für ihre Lösung betreibt WNIGNI vielseitige Untersuchungen der OS rezenter und alter, in verschiedenen Graden lithifizierter Sedimente in dem großen stratigraphischen Intervall von Riphäikum bis einschließlich Anthropogen innerhalb der Becken von alten und epihercynen Tafeln, von kaledonischen, hercynischen, mesozoischen und alpidischen Vortiefen und von intramontanen Senken.

Die Untersuchung rezenter Sedimente

und die Rekonstruktion der Sedimentationsverhältnisse von Schichtfolgen in den letzten fünf Jahren haben das Spektrum der faziellen Situationen, die für die Akkumulation von Erdöl-Erdgas-Muttergesteinen günstig sind, erheblich erweitert (WEBER 1965, 1976; WEBER & MAKSIMOW 1975). Konkretisiert wurden die Situationen, die die Bildung der Erdöl-Erdgas-Muttergesteinsfolgen bestimmen (LARSKAJA 1975). So entstanden z. B. die produktiven Folgen dieser Art im Paläozoikum auf der Russischen Tafel in den im relativ tiefen Wasser liegenden zentralen Teilen mariner epikontinentaler Becken, während die küstennahen Zonen der Becken mit aridem und halbaridem Klima für ihre Bildung ungünstig waren. Die limnisch-sumpfigen und küstennah-marinen Fazies des humiden Klimas waren das Zentrum der Bildung von Folgen, die in der Zone der Gasgenerierung das größte Potential und eine mittlere Erdölproduktivität besitzen.

Es wurde festgestellt, daß gegen Ende der Frühdiagenese Bau und Zusammensetzung der DOS bestimmt werden, d. h., es entstehen faziell-genetische Typen. Die Unterschiede zwischen ihnen sind deutlich in allen Fraktionen (Komponenten) der OS fixiert. So besteht z. B. ihre Hauptmasse mit 50 bis 70% bekanntlich in den meisten Fällen aus Huminsäuren, entweder aus Sapropelsäuren mit einem großen Anteil aliphatischer Strukturen, oder aus Sapropelsäuren mit vorwiegendem Melanoidinbau, oder aus eigentlichen Huminsäuren, deren Baugrundlage kondensierte aromatische Strukturen bilden.

Die Unterschiede des Baus der Grundmasse sind in Gestalt der Einschlüsse fixiert. Das gibt die Möglichkeit, einen Vergleich durchzuführen und die Umgestaltungen der gleichtypischen OS in den verschiedenen Stadien der Lithogenese zu ermitteln.

Im sedimentär-diagenetischen Stadium

läßt sich der Zusammenhang zwischen der Hauptmasse der OS und den bituminösen Komponenten ebenfalls verfolgen. Die Unterschiede in der Bitumenführung der OS unterschiedlich faziell-genetischen Typs werden in diesen Etappen durch andere Parameter bestimmt. Der Bitumenoid-Koeffizient (Summe) in der Sapropel-OS des Domanikoid-Typs erreicht 15%, im Humus-Detritus-Typ etwa 2 bis 4% bei einem Verhältnis der sauren zu neutralen Komponenten von etwa 1 im ersten Fall und von 4 bis 7 im zweiten Fall. Entsprechend variiert auch die Rolle der flüssigen hochmolekularen Kohlenwasserstoffe von 1,5 bis 0,8% in der Sapropel-OS und von 0,1 bis 0,2% in der Humus-OS.

Bereits in der Frühdiagenese ist der Wasserstoffgehalt in den verschiedenen Typen unterschiedlich. In der Sapropel-OS beträgt er 6 bis 9%, in der Humus-OS 3 bis 5%. In dieser Etappe werden die Grundverhältnisse in der Zusammensetzung der Kohlenwasserstoffe angelegt, darunter auch die Verhältnisse der Moleküle mit verschiedener Anzahl der Kohlenstoffatome in den Iso- und Normalalkanen. In den rezenten Sedimenten wurde ein ziemlich breites Intervall des Verhältnisses von ungeradzahligen (ug) zu geradzahligen (g) Molekülen der n-Alkane gefunden — von 5 bis 1—, obgleich bekannt ist, daß bis vor kurzem einige Bearbeiter die Werte nahe 1 nur mit der Katagenese in Zusammenhang brachten, d. h. mit

Eingang des Manuskripts in der Redaktion: 11. 2. 1977.

[1] Übersetzung: W. OESTREICH, Berlin.

[2] WNIGNI = Allunionsforschungsinstitut für die Erkundung von Erdöl und Erdgas.

Tiefentransformationen der OS. Durch die Arbeiten des WNIGNI wurde gezeigt, daß in den erheblich lithifizierten alten (riphäischen) Schichtfolgen die Verhältnisse ug/g zwischen 1 und 1,9 schwanken, während in karbonischen Schichten ein ug/g-Verhältnis von 4 gefunden wurde. Die Variationen stehen im Zusammenhang mit dem faziell-genetischen Typ der OS und bezeichnen eine gewisse Stabilität der Zusammensetzung sowie die Ererbtheit aller ihrer Veränderungen in der Katagenese von der in der Frühdiagenese angelegten Spezifik des Baus. Daher bestimmen die faziellen Verhältnisse der Sedimentgenese, die die Formierung des faziell-genetischen Typs der OS, ihre Verbreitungsfläche, die Stabilität der Akkumulation der in unterschiedlichem Grad angereicherten DOS der Sedimente beeinflussen, das Erdöl-Erdgas-Generierungspotential der Schichtfolgen. Dieser Einfluß tritt bereits in der Frühdiagenese in Erscheinung.

Zusammenhänge

Zwischen dem Typ der OS, der Menge und der Zusammensetzung der sorbierten Gase und der flüssigen Kohlenwasserstoffe ist ein enger Zusammenhang zu beobachten. In den tonig-aleurithischen Sedimenten mit Humus-Detritus-OS in der Zusammensetzung von adsorbierten Kohlenwasserstoffen der Gase sind über 70% Methan und ein hoher Gehalt nicht gesättigter Kohlenwasserstoffe zu verzeichnen. Die adsorbierten Gase der Sedimente mit Algen-Sapropel-OS sind fettreicher, in ihnen wurden alle Homologe des Methans bis einschließlich Isopentan angetroffen. Der absolute Gehalt der schweren adsorbierten gasförmigen Kohlenwasserstoffe ist gering, was es bei starker Untersättigung der Sorptionseigenschaften von Sedimenten gestattet, die Unmöglichkeit ihrer Emigration aus nichtlithifizierten Ablagerungen anzunehmen. Bei der Versenkung der Sedimente in Tiefen von 25 bis 170 m sind die ersten Anzeichen einer Migration der beweglichen Komponenten von OS festzustellen. Ein Vergleich der OS in Sedimenten und Gesteinen gegen Ende der Protokatagenese zeigt, daß in ihrer Zusammensetzung der Anteil des unlöslichen Teils um das 2 bis 3fache zunimmt. Dabei gehen die Huminsäuren ebenso stark zurück. Der Anteil der bitumenoiden Komponenten in der kollomorphen Sapropel-OS wächst um das 2 bis 4fache, in der Humus-Detritus-OS um das 1,5 bis 2fache. Der Anteil der Öle im Chloroformbitumenoid wächst vom 2fachen bis auf das 20fache. Ebenso stark geht der an Asphaltenen zurück. Die Variationen des Bitumenoidkoeffizienten und die Zunahme des Anteils der Ölfraktion und der Kohlenwasserstoffe in ihrer Zusammensetzung führen zu einem Anwachsen des Kohlenwasserstoffkoeffizienten um das 3 bis 8fache. Die Abnahme der Huminsäuren wird von einem für jeden Typ spezifischen Gradienten der Menge aliphatischer, sauerstoffhaltiger und stickstoffhaltiger Seitengruppen und einer entsprechenden Zunahme an aromatischen und heterozyklischen Strukturen begleitet. Die zunehmende Bedeutung der unlöslichen OS wird von Veränderungen ihrer Zusammensetzung begleitet, die von der Zusammensetzung der in sie übergehenden Huminsäuren und des Einflusses der Polykondensate aus der Lipidkomponente abhängen. Die Spezifik des faziell-genetischen Typs der OS, in der Zusammensetzung der Hauptmasse fixiert, formiert sich offensichtlich abschließend gegen Ende oder in der Mitte der Protokatagenese. Folglich muß man von diesem Moment an die Berechnungen des Werts der katagenen Generierung der Kohlenwasserstoffe, die mit dem unlöslichen Teil der OS (Kerogen) zusammenhängt, durchführen.

Katagenese

Mit zunehmender Katagenese verlaufen die Veränderungen der Hauptmasse in Richtung einer Kondensierung der Moleküle und des Verlusts an Wasserstoff, durch die Generierung der Bituminoide und der Kohlenwasserstoffe bedingt. Gegen Ende der Mesokatagenese kann in der Sapropel-OS der Gehalt der Bituminoide auf das 3 bis 5fache zunehmen, in der Humus-OS auf weniger als das Doppelte. Hierbei wächst die Menge der Kohlenwasserstoffe um das 3 bis 5fache bzw. um das 1,2 bis 1,8fache, die der Benzolharze um das 4 bis 6fache bzw. etwa um das Doppelte. Die Zusammensetzung der normalen Alkane und Isoprenoide, die sich im diagenetischen Stadium herausgebildet hatte, ändert sich praktisch nicht, im Gegensatz zu den Polykernarenen, in denen, nach der Massenspektroskopie zu urteilen, eine Entzyklisierung stattfindet. Unter dem Einfluß der Katagenese entwickelt sich die Gasbildung. Sie wird teilweise in der Zunahme des Gehalts von adsorbierten Gasen um das Zehn- und Hundertfache im Vergleich zu rezenten Sedimenten mit OS gleichen Typs fixiert. In ihrer Zusammensetzung geht der Anteil der „unbegrenzten" Kohlenwasserstoffe zurück.

Bei gleichem Typ von DOS steht die C_{org}-Konzentration in den Sedimentationswässern, die unter ein und denselben Bedingungen abgepreßt werden, in direkter Abhängigkeit vom Gehalt der OS in den Gesteinen. Die größte Menge an Bituminoiden kennzeichnet Wässer, die aus Gesteinen mit Sapropel-OS abgegeben werden. Der Bitumenoidkoeffizient der im Wasser gelösten OS ist im Teufenintervall von 1000 bis 3000 m zu beobachten (11 bis 15%).

Berechnungen nach der Materialbilanz,

verbunden mit den im WNIGNI entwickelten Vervollkommnungen nach Daten über die Veränderungen der Elementzusammensetzung der gesamten OS in den verschiedenen Stadien der Katagenese haben ergeben, daß im Durchschnitt von der Spätprotokatagenese bis zur Spätmesokatagenese aus der Sapropel-OS eine Menge an Kohlenwasserstoff abgegeben werden konnte, die 3 bis 4% ihrer Masse entspricht. Demgegenüber betragen die Werte aus der Humus-OS 1,7 bis 2,3% bei einem Verhältnis von flüssigen : gasförmigen Kohlenwasserstoffen von 1:0,1 bis 1:0,01 bzw. von 1:4 bis 1:10.

Beim Vergleich

gleichtypiger OS wurden auf der Kurve der Generierung im Bereich der oberen 5 km von normalen sedimentären Ablagerungen keine deutlichen Maxima gefunden. Eine gewisse Zunahme des Bitumenoid- und des Kohlenwasserstoffkoeffizienten wurde im Kaukasusvorland von 1000 m Teufe an festgestellt (60%), dann erneut ab 2500 m (70 bis 100 °C). In beiden Regionen hängen die Gradienten der Zunahme und die absoluten Werte der Parameter eng mit dem faziell-genetischen Typ der OS zusammen.

Spuren einer Migration bei optimalen, mehr noch bei maximalen Konzentrationen der OS vom Sapropeltyp sind für Schichtfolgen zu verzeichnen, die im Teufenintervall der oberen 5 km der nichtmetamorphosierten sedimentären Hülle liegen. Spezifisch für Erdöl-Muttergesteinsfolgen werden sie allerdings erst ab Teufen über 500 m. Die Emigration der flüssigen Kohlenwasserstoffe ist der Generierung proportional und erreicht 30% ihres heutigen Gehalts.

Die Koeffizienten der Generierung

von Bituminoiden und Kohlenwasserstoffen, extrapoliert auf Grund massenhaft ausgewerteter geochemischer Daten, zeigen prinzipiell hinsichtlich der Muttergesteinsfolgen, daß die Menge der aus ihnen emigrierten Kohlenwasserstoffe um mehr als das 15fache die Erdöl- und Erdgasvorräte in den syngenetischen erdöl-erdgasführenden Folgen überschreiten. In den epigenetischen erdöl-erdgasführenden Sedimentfolgen hat das Verhältnis zwischen den emigrierten Kohlenwasserstoffen und den Erdöl-Erdgas-Vorräten die Tendenz, sich einer unendlich kleinen Größe anzunähern. Das ist eine der wichtigen Kennziffern der genetischen Beziehungen zwischen den Erdölen, Erdgasen und der organischen Substanz.

Ein Indikator

für den gentischen Zusammenhang ist auch die Ähnlichkeit von Parametern der Erdölkohlenwasserstoffe und der Bitumenoide von Muttergesteinsfolgen wie die Verteilung der n-Alkane, die Verhältnisse des Pristans (Phytan, Sterane) und des Triterpans, die beim faziell-genetischen Typ frühzeitig angelegt werden und sich in der Katagenese und auf den Migrationswegen wenig verändern. Die in den letzten Jahren im WNIGNI erhaltenen Daten über die Gleichtypigkeit der Strukturen von polyzyklischen Arenen, über die Ähnlichkeit der Isotopenzusammensetzung des Kohlenstoffs von OS konkreter Muttergesteine und der räumlich mit ihnen zusammehängenden Erdöle gaben die Möglichkeit, viele genetische Zusammenhänge zu enträtseln. Diese neuen Erkenntnisse wurden zu wichtigen Argumenten bei der Einschätzung prognostischer Vorräte und für die Richtung geologischer Sucharbeiten.
Die Erdöle ererben von der OS der Muttergesteine die spezifischen Züge des Baus ihrer Kohlenwasserstoffe, die in erheblichem Grad bereits im frühdiagenetischen Stadium vorausbestimmt werden.

Für die quantitative Einschätzung

des Ausmaßes der Erdöl-Erdgasbildung führten die Wissenschaftler des WNIGNI mehrere Vervollkommnungen in die volumetrisch-genetische Methode ein. In die Bilanzberechnungen von USPENSKI & ROGOSINA wurden Berichtigungen eingebracht, die es gestatten, eine getrennte Bestimmung der Emigrationskoeffizienten von flüssigen und gasförmigen Kohlenwasserstoffen relativ zur Masse der OS durchzuführen.

Kriterien

In den letzten Arbeiten des WNIGNI wurden die Kriterien zur Ausscheidung der Muttergesteinsfolgen präzisiert. Ihnen wurde eine quantitative Charakteristik in Form einer Dichte der Erdöl-Erdgas-Bildung in Einheiten verliehen, die den auf den Karten der prognostischen Bewertungen üblichen entsprechen. Diese Charakteristik machte die Ausgliederung von Muttergesteinsfolgen im Profil des Beckens exakter. Sie gab die Möglichkeit, hinsichtlich ihrer Produktivität Vergleiche zu ziehen und eine differenzierte Einschätzung der Erdöl-Erdgas-Bildung vorzunehmen. Für die Extrapolation der obengenannten Koeffizienten wurde eine petrographische Methode zur Untersuchung der DOS, der Morphologie ihres Typs, der Wechselbeziehungen mit der Mineralmasse und den autigenen Mineralien ausgearbeitet. Eine vervollkommnete Variante der volumetrisch-genetischen Methode konnte für die prognostische Einschätzung des Ural-Wolga-Gebiets, des Donbass, der Moskauer und der Baltischen Syneklise sowie Mittelasiens angewandt werden. Die Daten über die Ausgangs- und Restvorräte befanden sich in guter Übereinstimmung mit der Menge des ausgebrachten Erdöls und Erdgases und den geologischen Vorräten. Hierbei wurde sehr deutlich der Zusammenhang zwischen den „Vorräten" und den Typen der DOS in den Muttergesteinen und der Menge und dem Typ der in den Lagern konzentrierten Fluida bestimmt. So dominieren z. B. in der Wolga-Ural-Region im devonischen Profil Gesteine mit Sapropel-OS. Hier herrschen Erdölakkumulationen vor (das Gebiet der unteren Wolga wird hier nicht betrachtet). Die „Vorräte" der hochbituminösen OS im Frasnien, der wichtigsten erdölführenden Serie, sind riesig — 5 bis 7 Billionen t —, wobei die Erdölvorräte an erster Stelle stehen. 2 bis 4 Billionen t organischer Substanz sind in den terrigenen Schichten des Visés konzentriert. Die OS der kohligen Gesteine im nördlichen Teil des Wolga-Ural-Gebiets hat im ganzen Humus-Charakter. Es ist aber Exinit-Algen-Material in reicher Fülle vorhanden, das anfänglich reich an Wasserstoff ist (5 bis 7%). Im Tafelteil sind in den Viséschichten vorwiegend Erdöllager vorhanden. Die kleinen Gasakkumulationen sind in den oberkarbonischen und unterpermischen Schichten unter der halogenen Kungurüberdeckung konzentriert. Das Gas„defizit" hängt sowohl mit der mangelnden Temperaturbeeinflussung als auch besonders mit dem Zustand der Überdeckung zusammen. In dieser Hinsicht ist ein Vergleich mit dem südlichen Teil des Ural-Wolga-Gebiets interessant, in dem das thermobarische Regime erheblich forcierter war und die Kungurabdeckung regional weithin aushält. Hier entstanden solche Lagerstättengiganten wie die von Orenburg. Ferner wurden zahlreiche kleine Gaslager unter der Überdeckung entdeckt.

Die Analyse der geochemischen Daten

über die Muttergesteine mit der OS des Humus- und des Saprogeltyps ergab, daß im ersten Fall das Verhältnis der emigrierten flüssigen und gasförmigen Kohlenwasserstoffe zwischen 1:4 und 1:10 schwankt, d. h., es emigriert 4 bis 10mal mehr Gas, während es im zweiten Fall 1:0,1 beträgt, d. h. um das Zehnfache weniger. Eine Einschätzung der potentiellen Vorräte für die erdöl-erdgasführenden Becken der UdSSR und der Welt zeigt, daß gegenwärtig das Verhältnis zwischen flüssigen und gasförmigen Kohlenwasserstoffen 2:1 beträgt, d. h., die flüssigen dominieren um das Doppelte über die gasförmigen. Wahrscheinlich erfolgte eine Zerstörung der generierten Gase, ihre Lösung in den Grundwässern und ihr Entweichen in die Atmosphäre, wie das im zentralen und nördlichen Teil des Wolga-Ural-Gebiets zu beobachten ist.
Durch die Arbeiten des WNIGNI wurde festgestellt, daß die fazielle Situation und die klimatischen Verhältnisse der Sedimentogenese und die Besonderheiten der Diagenese nicht nur die Dichte der „Vorräte" der OS beeinflussen. sondern auch die Bildung des genetischen Typs des Erdöls,

Diese erwerben von der OS der Muttergesteine die spezifischen Züge des Baus der Kohlenwasserstoffe, die in Abhängigkeit vom faziell-genetischen Typ der OS ihre Besonderheiten haben. Das erlaubt es, nicht einfach die „Beweise" für die organische Entstehung der Erdöle überhaupt zu fixieren, sondern den genetischen Zusammenhang konkreter Muttergesteinsfolgen mit bestimmten Erdölen festzustellen. Die neuen Daten des WNIGNI über die Gleichtypigkeit der Strukturen der Alkane, darunter auch der Isoprenoide, Zyklone und polyzyklischen Arene, die neuen Daten über die Isotopenzusammensetzung des Kohlenstoffs der Erdöle und der OS der Muttergesteine, mit denen sie genetisch zusammenhängen, bestätigen die im WNIGNI entwickelten theoretischen Leitsätze über die außerordentliche Wichtigkeit der geochemischen Prozesse in der Sedimentogenese und Diagenese (I. Stockwerk des Zyklus der Erdölbildung) für das Erdöl-Erdgas-Generierungspotential der Muttergesteinsfolge und die Bildung des genetischen Typs der durch sie generierbaren Erdöle (MAKSIMOW u. a. 1975).

Im vorliegenden Aufsatz wurden nur einige Entwicklungen auf dem Gebiet der Untersuchung der Zusammensetzung der DOS und ihre praktische Anwendung behandelt. Daraus geht hervor, daß die Untersuchung und Vervollkommnung der Untersuchungsmethoden ermutigende Kriterien für die Präzisierung potentieller Erdöl-Erdgas-Ressourcen in perspektivischen sedimentären Komplexen von erdöl- und erdgasführenden Becken liefern kann. Es steht außer Zweifel, daß diese Entwicklungen bei ihrer Vervollkommnung den Geologen eine neue geologisch-geophysikalische Begründung für die Entdeckung noch nicht nachgewiesener Erdöl- und Erdgaslagerstätten in die Hand geben werden.

Zusammenfassung

Es werden Fragen lithologisch-geochemischer, chemischer, Isotopen- und anderer Untersuchungen der in den Gesteinen dispergierten organischen Substanz (DOS) und flüssigen und gasförmigen Kohlenwasserstoff behandelt. Entscheidenden Einfluß hat das Sedimentations- und das frühdiagenetische Stadium auf Konzentration und Zusammensetzung der Fraktionen der DOS und den Erhaltungsgrad. Die betrachteten Stadien der Lithogenese bestimmen die Verteilung der Erdöl-Erdgas-Muttergesteinsfolgen in den Sedimenten und haben entscheidenden Einfluß auf die Bildung, Typen und Umfang der Kohlenwasserstoffbildung. Mit Hilfe einer modifizierten Materialbilanzmethode werden Maßstäbe der Emigrationsprozesse in den oberen 5 km des nichtmetamorphosierten sedimentären Deckgebirges berechnet.

Резюме

Обсуждаются вопросы литолого-геохимических, химических, изотопных и других исследований рассеянного в породах органического вещества (РОВ) и жидких как и газообразных углеводородов. Решающее влияние на концентрацию и состав фракций РОВ как и на степень сохранения имеет стадия осадконакопления и раннодиагенетическая стадия. Рассмотренные стадии литогенеза определяют размещение толщ нефте-газо-материнских пород в отложениях и имеют рашающее влияние на образование, типы и объем углеводородов. При помощи модифицированного материально-балансового метода вычисляются масштабы эмиграционных процессов в верхних 5 км неметаморфизованных осадочных покровных пород.

Summary

Problems of lithological-geochemical, chemical, isotopic and other investigations are discussed of the organic substance dispersed in rocks, as are those dealing with liquid and gaseous hydrocarbons. A decisive influence on the concentration and composition of fractions of the dispersed organic substance and on the degree of preservation is exerted by the stages of sedimentation and early diagenesis. The distribution of parent-rock suites of oil and gas in the sediments is determined by the lithogenetic stages considered, by which the formation, types and extent of hydrocarbons are decisively influenced. By means of a modified method of regimen measures of processes of emigration are calculated in the upper 5 km of the non-metamorphosed sedimentary cover.

Literatur

LARSKAJA, E. S.: Abmessungen und Form der Einschlüsse der dispersen organischen Substanz als Funktion der Ausgangszusammensetzung und der Fossilisierungsverhältnisse. — Tr. WNIGNI; 175, Moskau 1975.

MAKSIMOW, S. P.; BOTNEWA, T. A. u. a.: Über die Zyklizität der Prozesse der Erdöl-Erdgas-Bildung. In: Meshdunarodny geologitscheski kongress. XXIV sessija. Doklyda sowetskich geologow. Gorjutschie iskopaemye. Problemy geologii i geochimii naftidow. Isdat. Nauka, Moskwa 1972.

MAKSIMOW, S. P.; BOTNEWA, T. A. u. a.: Kriterien des genetischen Vergleiches zwischen Erdölen und organischer Substanz. In: Sb. Dostishenija organitscheskoi geochimii. — Trudy 6-go Meshdunarodnogo kongressa po organitscheskoi geochimii, 349—358, Franzija (Paris), Isdat. TECHNIP, Moskau 1975.

WEBER, W. W.: Fazies der Ablagerungen, die für die Erdölbildung günstig sind. — Tr. WNIGNI, 56, Isdat. Nedra, Moskau 1966.

— Erdölführende Folgen und ihre rezenten Analoga. — Tr. WNIGNI, 128, Isdat. Nedra, Moskau 1975.

WEBER, W. W.; MAKSIMOW, S. P.: Das diagenetische Stadium der Bildung der Kohlenwasserstoffgase und ihre genetischen Unterschiede in Abhängigkeit von der Zusammensetzung des organischen Ausgangsmaterials. In: Sb. Geologija i raswedka gasowych i gasokondensatnych mestoroshdenii. — Isdat. WNIIEGASPROM, 2, 3—14, Moskau 1975.

Substantielle Rohstoffklassifizierung und -ausblockung in Kalkvorkommen[1)]

THIERGÄRTNER, H., Berlin

1. Methodik

Für die Analyse der flächenhaften oder räumlichen Verteilung von Nutzkomponenten oder Schadstoffen in Rohstoffvorkommen wird eine Methode der multivariablen Abgrenzung von Rohstoffteilkörpern homogener Beschaffenheit vorgeschlagen. Die Methode umfaßt als wesentliche Elemente mathematisch gestützte Untersuchungen der inneren Bindungsverhältnisse zwischen den Rohstoffparametern, Rohstoffklassifizierungen und die flächenhafte oder räumliche Umsetzung der Klassifizierungsergebnisse. Im Ergebnis werden Aussagen über die Anzahl, die Ausdehnung und Lage sowie über die durchschnittliche Beschaffenheit von Rohstoffteilkörpern erhalten. Eine a-priori-Zerlegung des Vorkommens in elementare Zellen oder Blöcke konstanten Ausmaßes ist weder erforderlich noch möglich. Durch die Anwendung mathematischer Verfahren ist eine simultane, angemessene Einbeziehung aller wesentlichen Rohstoffparameter möglich und zweckmäßig.

Diese Methode unterscheidet sich in bestimmten Punkten grundsätzlich von anderen bewährten Lagerstättenmodellierungen, die zunächst eine Zerlegung des Untersuchungsobjekts bedingen. Solche Zerlegungen können unter dem Gesichtspunkt einer Abbauplanung durchaus zweckmäßig sein. AGTERBERG (1974) empfiehlt die statistische Bearbeitung von Flächenzellen in Lagerstättenarealen. In massigen Lagerstättenkörpern ist nach HAUPT (1973) eine Zerlegung in Quader günstig, innerhalb

Eingang des Manuskripts in der Redaktion: 31. 3. 1977.

[1)] Mitteilung aus dem Zentralen Geologischen Institut, Berlin.

derer mit Isolinien- oder Trendisolinien verschiedener Art eine Modellierung erfolgen kann. Von NĚMEC (1973, 1975) wurde ein Komplex von Methoden zur Lagerstättenmodellierung entwickelt und an Kalklagerstätten erprobt; er umfaßt eine Ausgleichung der Rohstoffparameter mittels flächenhaft oder räumlich gleitender Durchschnitte, die Berechnung von Parameterwerten mittels Korrelationsanalysen und die Modellierung des Lagerstättenkörpers mittels Trendanalysen und Ioslinienkonstruktionen. Dabei werden im Unterschied zur hier vorgeschlagenen Methode insbesondere die Übergänge und gleitenden Veränderlichkeiten im Rohstoff in verschiedenen Richtungen analysiert.

2. Untersuchungsobjekt

Gegeben sei ein hypothetisches Kalkvorkommen. Es handele sich um einen ausgedehnten, etwa 20 bis 30 m mächtigen, schwach nach SW einfallenden Körper aus massigem Kalk. Durch geophysikalische Vermessung sei die Kalksteinoberkante ermittelt und im Zentralteil des Vorkommens eine SW—NE streichende, nach NW einfallende Verwerfung mit ca. 4 m Sprunghöhe festgestellt worden (Abb. 1).
Das Vorkommen sei durch sieben Bohrungen A bis G aufgeschlossen. An insgesamt 146 Proben seien die Gehalte an CaO, MgO, Fe_2O_3, Al_2O_3 und SiO_2 ermittelt worden. Es soll angenommen werden, daß die Proben für diese Bohrungen repräsentativ und die Analsysenergebnisse als fehlerfrei zu betrachten sind. Infolge des hypothetischen Charakters des Vorkommens waren keine Angaben zur Variabilität des Kalks vorhanden. Deshalb ließ sich eine eventuelle Überbeprobung nicht untersuchen (vgl. KARPE & RABITZSCH 1977).

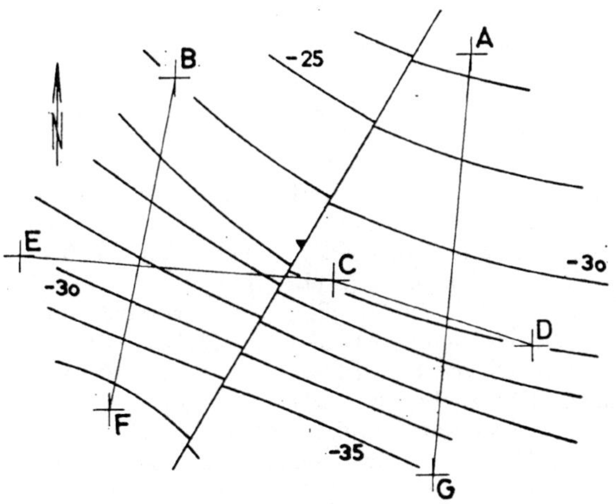

Abb. 1. Strukturplan der Oberkante des Kalkvorkommens

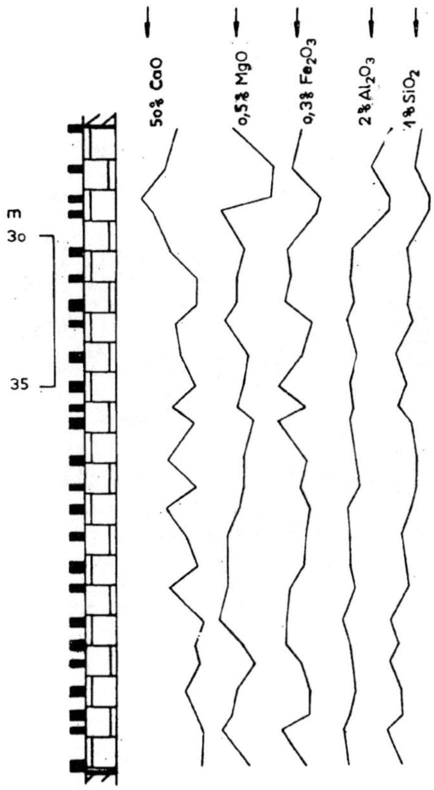

Abb. 2. Chemismus des Kalks in Bohrung B

Der durchschnittliche Chemismus ließe eine Einstufung des Vorkommens als Kalkstein der Güteklasse 2 für die chemische, Glas- und Zuckerindustrie sowie als Industriekalk der Güteklasse Q für die Lederindustrie zu. Während CaO relativ unbedeutende Veränderlichkeitskoeffizienten zeigt, weisen die Schadstoffe höhere Schwankungen auf (Tab. 1). Zwischen den Bohrungen scheinen nur geringe Unterschiede im Chemismus aufzutreten. Das könnte auf mathematischem Wege mittels Varianzanalyse für jeden Parameter oder mittels Diskriminanzanalyse für den Gesamtchemismus noch exakt geprüft werden.
Wie Abb. 2 für Bohrung B zeigt, läßt die teufengerechte Darstellung der Gehaltswerte eine Vertikalgliederung der Kalke praktisch nicht zu. Das wird insbesondere durch das widersprüchliche Verhalten der Parameter untereinander bedingt[2]). Andeutungsweise könnte das Hangende

[2]) Diese Schwierigkeit vergrößert sich beträchtlich beim Vorliegen weiterer Parameter.

Tab. 1. Durchschnittsgehalte, Streuungen und Variationskoeffizienten der Parameter
(jede Bohrung und Vorkommen insgesamt; Gehalte und Streuungen in Masse-%)

Bohrung	CaO $\bar{x}$	CaO s	CaO v %	MgO $\bar{x}$	MgO s	MgO v %	Fe_2O_3 $\bar{x}$	Fe_2O_3 s	Fe_2O_3 v %	Al_2O_3 $\bar{x}$	Al_2O_3 s	Al_2O_3 v %	SiO_2 $\bar{x}$	SiO_2 s	SiO_2 v %	Probenanzahl
A	52,8	1,6	3	0,60	0,26	44	0,30	0,12	39	1,30	1,03	79	0,94	0,60	64	21
B	53,6	1,6	3	0,55	0,24	44	0,32	0,11	36	0,97	0,98	101	0,68	0,37	55	25
C	52,8	2,1	4	0,63	0,25	39	0,32	0,15	46	1,40	1,33	95	0,86	0,54	63	20
D	54,2	1,6	3	0,36	0,26	72	0,25	0,14	57	1,40	1,84	132	0,73	0,54	74	23
E	52,5	2,0	4	0,68	0,25	37	0,32	0,12	37	1,46	1,60	110	0,82	0,48	59	19
F	52,9	1,9	4	0,63	0,24	38	0,30	0,14	45	0,97	0,96	99	0,70	0,56	80	17
G	53,9	2,0	4	0,45	0,34	76	0,27	0,17	65	1,46	1,73	118	0,72	0,57	79	21
gesamt	53,3	1,9	4	0,55	0,28	51	0,30	0,14	46	1,28	1,39	109	0,77	0,52	67	146

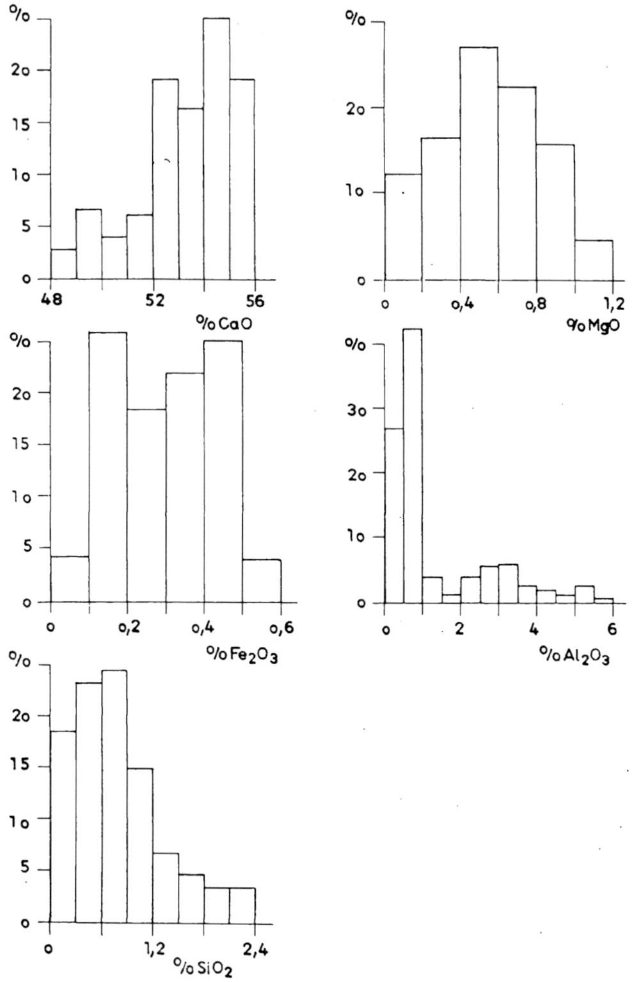

Abb. 3. Histogramme der substantiellen Parameter, Gesamtvorkommen

wegen seiner höheren Variabilität abgegrenzt werden; dafür eine genaue Teufenlage festzulegen, ist schwer.
Eine Häufigkeitsanalyse ergibt für die verschiedenen Parameter unterschiedliche Histogramme (Abb. 3). Das weist auf differenzierte genetische Abhängigkeiten der Parameter hin. Mit Ausnahme von MgO werden zwei- und dreigipflige Kurven festgestellt. Jeder Gipfel stellt eine Häufungsstelle von Werten dar, die durch ein Dichtemittel beschrieben werden kann (Tab. 2). Im Unterschied zu den arithmetischen Mittelwerten aus Tab. 1, die reine Rechengrößen sind, kommt ihnen geologische Bedeutung zu. Es ist also mit Mischverteilungen zu rechnen. Diese sind entweder auf die Ausbildung von zwei bis drei chemisch unterscheidbaren Kalksteinvarietäten (bei durchgängigem MgO-Gehalt) oder auf das Vorliegen von zwei bis drei genetischen Phasen zurückzuführen (ursprüngliche Sedimentation, Dolomitisierung, Verkarstung?).

Tab. 2. Dichtemittel der Parameter
(Vorkommen gesamt; in Masse-%)

lfd. Nr.	CaO	MgO	Fe_2O_3	Al_2O_3	SiO_2
1	52,5	0,54	0,13	0,65	0,64
2	54,7	0,78	0,42	3,1	2,1
3	55,7				

3. Bindungsverhältnisse

Aus der Tafel der Korrelationskoeffizienten (Tab. 3) ist die Existenz schwacher, statistisch gesicherter korrelativer Beziehungen[3]) zwischen den Oxiden abzuleiten. Mehr ausgeprägt sind die Bindung zwischen Al_2O_3 und SiO_2 (Tonminerale) und die gegenläufige Tendenz des CaO (Calcitanteil) zu diesen Oxiden. Korrelativ erfaßbare Zusammenhänge, wie sie z. B. NÉMEC (1973) für eine Kalklagerstätten aufzeigte, scheinen zu fehlen.

Tab. 3. Korrelationskoeffizienten (linear, paarweise) zwischen den Parametern

	CaO	MgO	Fe_2O_3	Al_2O_3
MgO	−0,51			
Fe_2O_3	−0,27	+0,20		
Al_2O_3	−0,66	+0,44	+0,18	
SiO_2	−0,69	+0,45	+0,22	+0,69

$n = 146$; $r(5\%; 144) = 0{,}16$

Tab. 4. Komponentenanalyse ohne Varimaxrotation

Komponente	Kalk/Ton	Eisen	Magnesium	—	—
CaO	+0,86				
Al_2O_3	−0,85			+0,47	
SiO_2	−0,86				
MgO	−0,69		+0,72		
Fe_2O_3		+0,92			
% der Gesamtvariabilität	57	18	13	7	6

Ladungen < \|0,4\| nicht erfaßt

Durch eine Komponentenanalyse (Tab. 4) lassen sich die Grundkomponenten des Gesteins näher erfassen. Demzufolge wird die chemische Gesteinsvariabilität im wesentlichen durch das Kalk-Ton-Verhältnis gekennzeichnet. Als weitere, davon vollkommen unabhängig reagierende Komponenten erweisen sich F_2O_3 und ein Teil des MgO. Fe_2O_3 ist für die geringe Eisenschüssigkeit verantwortlich und bildet offensichtlich in Folge von Verwitterungserscheinungen selbständige Oxid-Hydroxid-Minerale. MgO ist teils mit Al_2O_3 und SiO_2 in Schichtsilikaten gebunden, teils jedoch selbständig. Hier wäre an einen Einbau als feste Lösung im Calcitgitter (vgl. SCHWAHN 1977) zu denken. Mit CaO ist MgO nicht verbunden, d. h., es liegt kein Dolomit vor. Freies SiO_2 (Opal, Cristobalit) scheint nicht aufzutreten, weil SiO_2 keine selbständige Komponente bildet. Graphisch demonstriert Abb. 4 diese aus der Komponentenanalyse abgeleiteten Bindungsverhältnisse.
Nach der Häufigkeits- und der Bindungsanalyse stellt der Kalk also ein Mehrstoffsystem mit voneinander relativ unabhängigen Bestandteilen dar, und es kann mit dem Auftreten substantiell unterschiedlicher Varietäten gerechnet werden. In solchen Fällen wird die Anwendung der vorgeschlagenen Methode empfohlen.

4. Rohstoffklassifizierung

Das zu lösende Problem der Rohstoffklassifizierung besteht in der simultanen Bewertung und Einbeziehung mehrerer Parameter. In Kalkvorkommen können das alle Nutz-

[3]) Untersucht wurden nur lineare, paarweise Korrelationen ohne mathematische Ausschaltung weiterer Parameter.

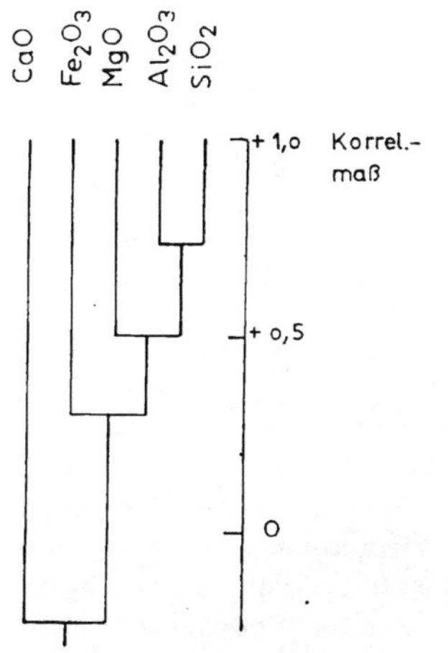

Abb. 4. Zusammenhang zwischen den chemischen Parametern
Clusteranalyse mit Korrelationskoeffizienten; 146 Proben

komponenten oder alle Schadstoffe oder überhaupt alle chemischen Parameter, Parameter des Gefüges und der Struktur, der Oberflächenbeschaffenheit, des technischen Rohstoffverhaltens, des Spurenelementchemismus usw. sein. Die Klassifizierung muß nicht nur sie alle angemessen berücksichtigen, sondern auch die Widerpsrüche zwischen ihrem Verhalten erfassen. Dem tragen taxonomische Verfahren gut Rechnung.

Eine Rohstoffklassifizierung ohne Ausblockung wurde im betrachteten Kalkvorkommen zunächst mittels einer Clusteranalyse auf der Basis eines Abstandsmaßes zwischen den Eigenschaftsvektoren der Proben vorgenommen. Dadurch wurden die Proben nach ihrer gesamtchemischen Ähnlichkeit geordnet und auf verschiedenen Ähnlichkeitsniveaus in Rohstoffklassen zusammengefaßt. Dieser Prozeß kann in Mehrstoffsystemen ohne Parameterabhängigkeiten nur auf mathematischem Wege zufriedenstellend realisiert werden.

Für die Interpretation der Ergebnisse sind zwei Probleme wesentlich:

1. Bei den taxonomischen Verfahren wird jede Probe aus dem Zusammenhang aller Proben — also auch aus ihrem räumlichen Verband — herausgerissen und einzeln auf ihre Qualitätsparameter hin analysiert. Über die Zugehörigkeit zu einer Rohstoffklasse entscheidet allein die substantielle Beschaffenheit der Probe.

2. Trotz mathematischer Regeln über den Erkenntniszuwachs bei Einsatz taxonomischer Modelle muß objekt- und aufgabenbezogen entschieden werden, welche der rechnerisch gewonnenen Rohstoffklassen sinnvoll interpretierbar sind. Eine zu feine Aufspaltung der Kalkproben führt zu einer Vielzahl einander sehr ähnlicher Klassen. Bei zu starker Zusammenfassung hingegen wird eine mögliche Rohstoffklassifizierung nicht voll ausgeschöpft.

Im Ergebnis lassen sich die Kalkproben in zwei große Gruppen einteilen (Abb. 5). Eine Gruppe enthält alle Proben mit besonders hohen oder besonders geringen Eisengehalten. Sie kann nach dem Eisengehalt in zwei Rohstoffklassen unterteilt werden. In der anderen Gruppe finden sich die Proben mit mittleren Eisengehalten von 0,19 bis 0,33% Fe_2O_3. Hier ist eine Unterteilung in drei Rohstoffklassen nach dem MgO- bzw. Tonmineralgehalt möglich (Tab. 5). Die Unterschiede sind so deutlich, daß die Rohstoffe unterschiedlichen Einsatzgebieten zuzuordnen wären. So ließe sich Typ a wegen des hohen Al_2O_3-Gehalts nur noch als Rohstoff der Güteklasse 3 für die chemische Industrie klassifizieren; Typ c hingegen ist von wesentlich besserer Qualität.

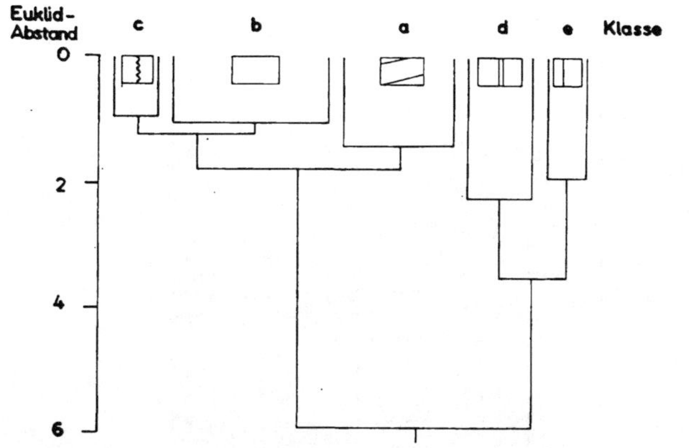

Abb. 5. Gruppierung der Proben nach dem Gesamtchemismus
Clusteranalyse mit Euklidischem Abstandsmaß; 5 Parameter; Fusionsniveau je Klasse variierend; Klassenbreite entsprechend der Anzahl von Proben in der Klasse

Tab. 5. Durchschnittsgehalte der Kalktypen nach Clusteranalyse
(in Masse-%)

Typ	Proben-anzahl	CaO	MgO	Fe_2O_3	Al_2O_3	SiO_2
a Mg-angereichert	39	51,0	0,73	0,33	3,35	1,42
b durchschnittlich	56	53,6	0,57	0,32	0,60	0,67
c Mg-arm	15	55,4	0,19	0,19	0,27	0,23
d Fe-arm	13	55,3	0,30	0,11	0,28	0,22
e Fe-angereichert	23	53,9	0,58	0,36	0,63	0,61
Durchschnitt	146	53,3	0,55	0,30	1,28	0,77

In ihrer räumlichen Verbreitung (Abb. 6) erweisen sich die so ermittelten Rohstoffklassen kaum noch als geschlossene Rohstoffteilkörper. Ausblockung oder geologische Stratifizierung sind mit Ausnahme des nur im Hangenden auftretenden unreinen Kalks nicht möglich. Das ist in erster Linie auf den individualisierenden Charakter des mathematischen Verfahrens zurückzuführen, der nicht dem Ziel einer Ausblockung entspricht.

5. Rohstoffausblockung

Zur Ausgliederung auch räumlich geschlossener, in sich ziemlich homogener Rohstoffklassen wird deshalb das mehr generalisierende Verfahren der Klassifizierung linear geordneter und ungeordneter Mengen nach einem multivariablen Homogenitätstest mit 5-prozentiger statistischer Sicherheit angewendet. Auch dieses Verfahren gliedert die Proben nach ihrer gesamt-chemischen Ähnlichkeit. Proben, die in den Bohrungen unmittelbar benachbart sind, werden nur dann verschiedenen Rohstoffklassen zugeordnet, wenn erhebliche Differenzen im Chemismus festgestellt werden. Dadurch werden eine gewisse Variabilität des Kalks innerhalb der Klassen zugelassen und Profilabschnitte homogener Beschaffenheit gebildet.

Nachdem diese Prozedur innerhalb jeder Bohrung realisiert worden ist, erfolgt eine Zusammenfassung der Profilabschnitte aller Bohrungen zur Rohstoffklassen auf analogem Wege. Die Schärfe der Bildung von Profilabschnitten und Rohstoffklassen hängt von der meist nicht beeinflußbaren Anzahl betrachteter Parameter sowie der gewählten statistischen Sicherheit ab. Sie spiegelt sich in der Höhe der theoretischen Chi-Quadrat-Werte wider.

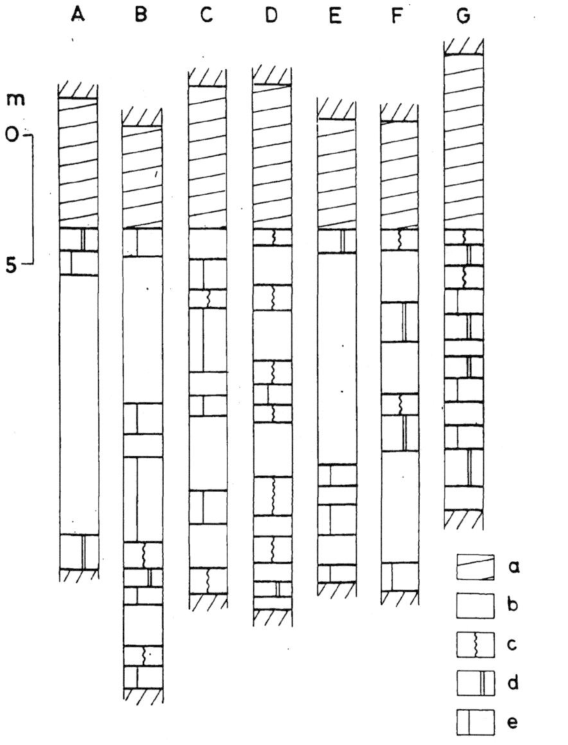

Abb. 6. Verbreitung von Rohstofftypen in den Bohrungen
(Erklärung der Typen a bis e in Tab. 5)

Über deren Veränderung kann folglich die Rohstoffklassifizierung sinnvoll gesteuert werden.
Zunächst wurde jede Bohrung anhand der fünf Parameter vertikal in homogen ausgebildete Abschnitte eingeteilt. Es ergaben sich je Bohrung zwei bis vier voneinander abgrenzbare Abschnitte. Die Abschnite ließen sich fünf substantiell unterschiedlichen Rohstoffklassen zuordnen (Tab. 6). Diese Klassen ähneln den bereits vorher ermittelten; aber sie stellen zugleich vertikal abgrenzbare Bereiche im Kalk dar.

Tab. 6. Durchschnittsgehalte der Rohstoffklassen nach multivariablem Homogenitätstest
(in Masse-%)

Klasse	CaO	MgO	Fe_2O_3	Al_2O_3	SiO_2
I tonig	51,0	0,73	0,33	3,35	1,42
II normal, durchschnittlich	53,4	0,60	0,32	0,63	0,68
III normal, SiO_2-arm	54,1	0,58	0,29	0,51	0,40
IV rein, Fe-arm	54,8	0,24	0,14	0,58	0,65
V rein, tonarm	55,2	0,27	0,26	0,33	0,35
Durchschnitt	53,3	0,55	0,30	1,28	0,77

Die als Homogenitätskriterium verwendeten Chi-Quadrat-Werte ermöglichen es, die chemische Ähnlichkeit zwischen den fünf Rohstoffklassen festzustellen (Abb. 7). Demzufolge grenzt sich die Klasse des unreinen Kalks (I) sehr scharf ab. Geologische Ursache ist die Tonführung. Die anderen Klassen bilden eine (in Abb. 7 hervorgehobene) Reihe mit zunehmendem CaO-Gehalt. Sie können jeweils paarweise als normalentwickelter (II und III) bzw. reiner, MgO-armer Kalk (IV und V) zusammengefaßt und in ihrer räumlichen Verbreitung dargestellt werden.

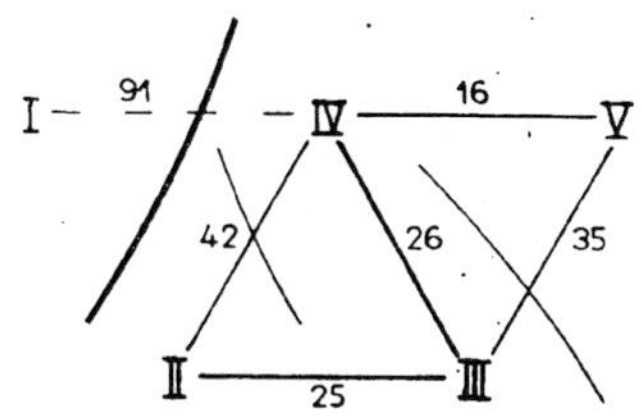

Abb. 7. Zusammenhänge zwischen Rohstoffklassen
minimale Chi-Quadrat-Werte zwischen den Klassen nach dem multivariablen Homogenitätstest (Erklärung der Klassen I bis V in Tab. 6)

In Vertikalschnitten (Abb. 8) zeigt sich nach Verbinden der Grenzlinien zwischen Rohstoffklassen z. B. das generelle Auftreten des unreinen Kalks in den oberen Lagen des Vorkommens. Normalentwickelter und reiner Kalk bilden auch räumlich geschlossene substantielle Varietäten, die sich untereinander in einem Parameter beträchtlich oder in mehreren Parametern weniger oder mehr unterscheiden. Ein hinreichend dichtes Netz solcher Schnitte vermittelt ein räumliches Bild. Darin bilden die Rohstoffklassen Teilkörper oder Blöcke, deren Begrenzung durch jene Stellen definiert sind, an denen sich substantielle Parameter entscheidend ändern. Die Lage der Grenzen kann koordinatenmäßig fixiert werden. Es handelt sich hierbei also um natürliche Grenzen im Gestein, die Blöcke unterschiedlichster Geometrie entsprechend den sich im Raum ändernden Gesteinseigenschaften umschreiben. Im

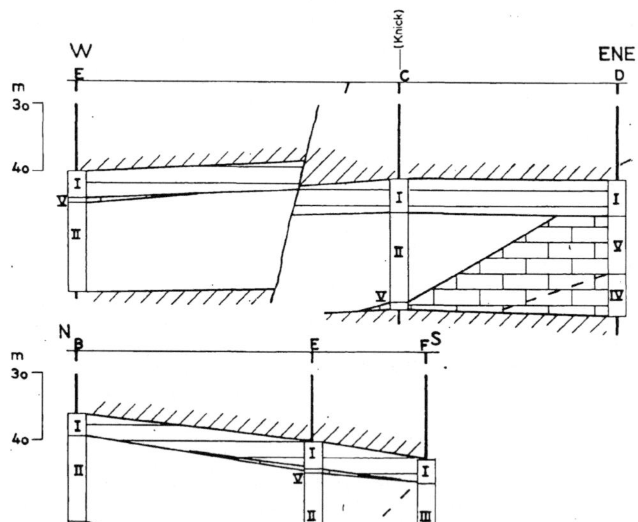

Abb. 8. Vertikalschnitte durch das Kalkvorkommen mit Abgrenzung von Rohstoffklassen
(Schnittlinien vgl. Abb. 1; Erklärung der Klassen I bis V in Tab. 6)
1 — toniger Kalk, 2 — normalentwickelter Kalk, 3 — reiner Kalk, 4 — Verwerfung, 5 — Nebengestein

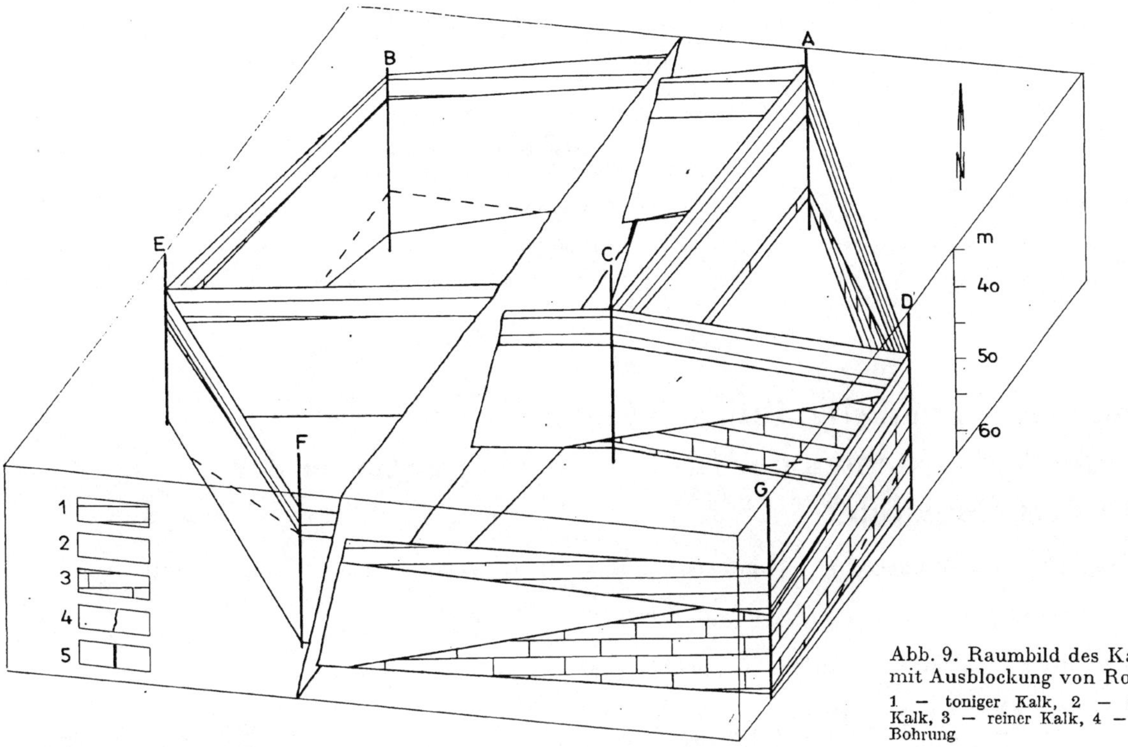

Abb. 9. Raumbild des Kalkvorkommens mit Ausblockung von Rohstoffklassen

1 — toniger Kalk, 2 — normalentwickelter Kalk, 3 — reiner Kalk, 4 — Verwerfung, 5 — Bohrung

Unterschied zu anderen Methoden wird dabei ein ganzer Satz interessierender Parameter simultan berücksichtigt.

In dem hypothetischen Kalkvorkommen lassen sich mehrere Blöcke aushalten (Abb. 9). Im Hangenden bildet der unreine Kalk einen plattigen Körper, der — wie auch bei den anderen Rohstoffklassen — durch die Verwerfung in zwei Teilblöcke zerlegt ist. Darunter lagert gewöhnlich der normalentwickelte Kalk. Im S des Untersuchungsgebiets gibt es einen von der Liegendgrenze beginnenden, nach N und W auskeilenden Block von reinem Kalk. Reiner Kalk bildet ferner eine geringmächtige Scheibe im W unter dem unreinen Kalk. Der Durchschnittschemismus jeder Rohstoffklasse ist dazu in Tab. 6 angegeben.

Von den noch verbreiteten Pauschalbetrachtungen, die meist von einem vorgegebenen Verwendungszweck und vorgegebener Abbautechnologie ausgehen, wird mit dieser Methode zu einer reinen Bestandsaufnahme übergegangen (vgl. SCHWAHN 1977). Die Ergebnisse spiegeln die natürlichen Bedingungen ohne Restriktionen wider. Das ermöglicht nicht nur eine differenzierte Beurteilung des Kalkvorkommens, sondern auch geologische Aussagen. So könnte aus den Lagerungsverhältnissen ein Normalprofil folgender Art abgeleitet werden:

hangend: tonführender Kalk
Kalk mit wenig Ton
liegend: reiner Kalk

Diese Kalktypen bilden ausgedehnte Horizonte. (In den Abb. 8 und 9 liegt eine starke Überhöhung vor.) Der Kalk könnte sich folglich als Zyklus oder Teil eines Zyklus darstellen, der dem transgressiven Typ der Evaporitsedimentation angehört (vgl. LANGBEIN 1977). Wenngleich eine solche Aussage in einem hypothetischen Kalkvorkommen nur hypothetischer Natur ist, deutet sie doch Möglichkeiten der geologischen Interpretation an.

6. Zusammenfassung

Es wird eine mathematisch gestützte Methode der substantiellen Rohstoffklassifizierung und -ausblockung in Kalkvorkommen vorgeschlagen und an einem hypothetischen Beispiel demonstriert. Im Ergebnis ihrer Anwendung wird ein Kalkvorkommen in Blöcke definierter substantieller Beschaffenheit und von unterschiedlicher Geometrie zerlegt. Die Blockgrenzen bestimmen sich aus allen in die Untersuchung einbezogenen Parametern. Die Methode erlangt ihre Wirksamkeit vorzugsweise dort, wo mehrere oder viele Parameter gleichzeitig zu beachten sind und wo eine Analyse der Bindungsverhältnisse die Existenz eines Mehrkomponentensystems mit unabhängigen Komponenten sichtbar gemacht hat. Die Methode ist über Kalkvorkommen hinaus für Klassifizierungen und Ausblockungen in beliebigen Gesteinen anhand beliebiger Parameter anwendbar.

Резюме

Предпологается математически поддерживанный метод вещественной классификации и выблокировки сырья в проявлениях известняка и представляется на основе гипотетического примера. По результату его применения разлагается проявление известняка на блоки определенного вещественного свойства и различной геометрии. Границы блоков определяются по всем включенным в исследование параметрам. Метод получает эффективность преимущественно там, где нужно одновременно учитывать некоторые или многие параметры и где анализ отношений связывания показывал существование многокомпонентной системы с независимыми компонентами. Метод применяемый кроме для проявлений известняка для классификаций и выблокировок в любых породах на основе любых параметров.

Summary

A mathematically supported method of classifying and blocking-out substantial raw materials in limestone occurrences is suggested, and is illustrated by a hypothetical example. As a result of its application a limestone occurrence is decomposed into blocks of defined substantial constitution and of different geometry. The block limits are determined from all parameters included in the investigation. The method is mainly effective where several, or many, parameters must simultaneously be considered, and where an analysis of the bonding conditions gave evidence of the existence of a multicomponent system with independent components. The method, in addition to limestone occurrences, can be applied to classify and block out any rocks by means of any parameters.

Literatur

AGTERBERG, F. P.: Computer-based statistical analysis of geological data past and current activities. – Geol. Surv. Canada, Paper 74–60, 15–18, Ottawa 1974.

HAUPT, W.: Lagerstättenmodelle als Grundlage der bergmännischen Produktion. – Z. dt. geol. Ges. 124, 1, 111–119, Hannover 1973.

KARPE, W.; RABITZSCH, K.: Aspekte einer Optimierung bei der Erkundung von Kalklagerstätten in der DDR. – Z. angew. Geol. 23, 2, 56–65, Berlin 1977.

LANGBEIN, R.: Zyklizität der Karbonatsedimentation und ihr Einfluß auf die Rohstoffqualität. – Vortrag zur Tagung der GGW „Mineral- und Gesteinseigenschaften und deren technische Nutzung", Leipzig 1977.

NĚMEC, V.: Probleme der Lagerstättenmodellierung. – Z. geol. Wiss. 1, 10, 1277–1288, Berlin 1973.

– Space modelling of ore deposits – new experiences and development trends. – „Matematické metody v geologii" (abstract) 357–359, Příbram 1975.

SCHWAHN, H.-J.: Kalkstein-Rohstoffe der DDR, Lagerstätten, Eigenschaften und Verwendung. – Vortrag zur Tagung der GGW „Mineral- und Gesteinseigenschaften und deren technische Nutzung", Leipzig 1977.

Sind $HgPb_2$ und (Hg, Pb), gebildet aus natürlichen Begleitkomponenten der Erdgase der Lagerstätten der Altmark, Minerale?

KAEMMEL, T., Berlin, MÜLLER, E. P.; KROSSNER, L.; NEBEL, J., Gommern, UNGER, H., UNGETHÜM, H., Berlin

1. Einleitung

Die Einwirkung des Menschen auf die Erdkruste und ihre Oberfläche, damit verbunden auch auf geologische Vorgänge, ist eng mit der Geschichte der Menschheit verknüpft.
Die Intensität und Variation dieser Entwicklung hat im Lauf der Geschichte immer mehr zugenommen. Vor allem in Zusammenhang mit der wissenschaftlich-technischen Revolution ist sie besonders stark geworden. Der Mensch als geologischer Faktor (WERNADSKI 1930, LEGGET 1969) wird mehr und mehr Gegenstand der Forschung (z. B. RÖSLER 1973, NOWIKOW 1976). SIDORENKO (1968) hat die Einwirkung des Menschen auf geologische Vorgänge an der Erdoberfläche und in der Erdkruste einer tiefgründigen und prognostischen Analyse unterworfen. Er erwähnt in diesem Zusammenhang auch die Entstehung von Gesteinen.
Ein Beispiel der Einwirkung des Menschen auf die Erdkruste und in ihr ablaufende geologische Prozesse ist die Erdgasförderung. Lokal können dabei feste Phasen aus den natürlichen Begleitkomponenten der Erdgase entstehen, so auch in den Lagerstätten der Altmark. An diesem Beispiel sollen die Problematik der Definition der Mineralart als natürliche Bildung aufgezeigt und Kriterien für die Beurteilung von Grenzfällen der natürlichen Bildung von Mineral- bzw. Kristallarten erörtert werden.

2. Zum Auftreten von Bleiamalgamen in Erdgasfördereinrichtungen der Altmark

Die Erdgaslagerstätten der Altmark sind an durch Störungszonen in Blöcke gegliederte Antiklinalen gebunden, die dem Verlauf von Paläoelementen folgen. Erdgasführend ist das sedimentäre Rotliegende (Saxon), das aus Wechsellagerungen von rot- bis graugefärbten Sand-, Schluff- und Tonsteinen besteht (GLUSCHKO u. a. 1975). Die Erdgase der Lagerstätten in der Altmark gehören dem N_2-CH_4-Typ nach MÜLLER u. a. (1973) an. Sie werden genetisch für den Kohlenwasserstoffanteil auf die Inkohlung organischer Substanzgruppen im Siles und für den Stickstoff, die Zufuhr von Tiefenstickstoff zurückgeführt. Ein Spezifikum dieser Erdgase ist das Vorhandensein von metallischem Quecksilber (DIKENSTEJN u. a. 1973).
Die Schichtwässer im Rotliegenden sind hochkonzentrierte Salzlösungen vom NaCaMg und CaNaMg-Chloridtyp (MÜLLER u. a. 1975).
Während der Förderung der Erdgase konnten in den untertägigen und obertägigen Installationen verschiedener Erdgassonden wiederholt Feststoffablagerungen beobachtet werden, bei deren Diagnostik Blei- und Quecksilberanteile nachgewiesen werden konnten (Abb. 1). Diese Ablagerungen bilden millimeter- bis zentimeterstarke Krusten und Beläge innerhalb der Fördereinrichtungen von grauer oder metallgrauer Farbe. Die

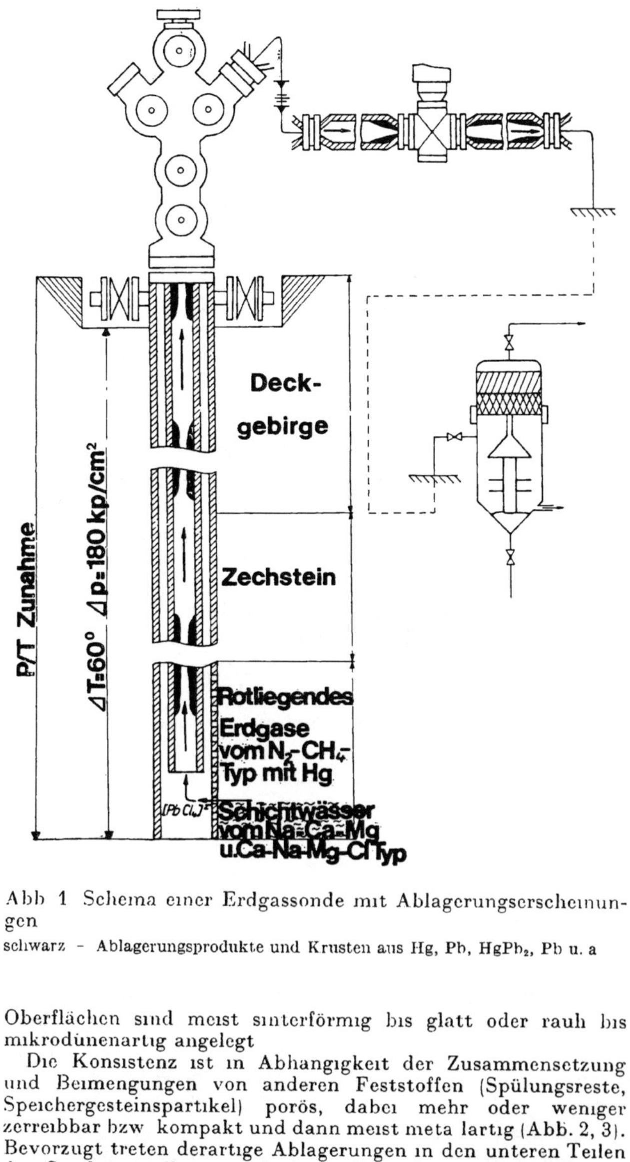

Abb. 1 Schema einer Erdgassonde mit Ablagerungserscheinungen
schwarz – Ablagerungsprodukte und Krusten aus Hg, Pb, $HgPb_2$, Pb u. a.

Oberflächen sind meist sinterförmig bis glatt oder rauh bis mikrodünenartig angelegt.
Die Konsistenz ist in Abhängigkeit der Zusammensetzung und Beimengungen von anderen Feststoffen (Spülungsreste, Speichergesteinspartikel) porös, dabei mehr oder weniger zerreibbar bzw. kompakt und dann meist metallartig (Abb. 2, 3). Bevorzugt treten derartige Ablagerungen in den unteren Teilen der Sondeninstallationen bzw. in Bereichen größerer Druckunterschiede und in Prallzonen auf (Abb. 1). Erstmalig erfolgte

Eingang des Manuskripts in der Redaktion 6. 7. 1977.

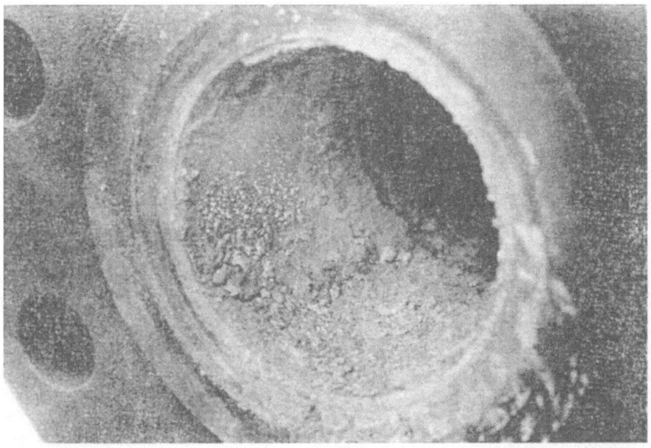

Abb. 2. Blei- und quecksilberhaltige Ablagerungen in einer Sondenleitung

der Nachweis von Blei und Quecksilber in Form von Belägen auf Prüfkörpern aus Stahl für die Korrosionskontrolle. Die zur Klärung der Bindungsverhältnisse durchgeführten Untersuchungen ergaben, daß u. a. neben metallischem Quecksilber und Blei die beiden Amalgame $HgPb_2$ und (Hg, Pb) nachgewiesen werden konnten.

3. Zur Herkunft des Quecksilbers, Bleis und die Bildung der Phasen Pb, $HgPb_2$ und (Hg, Pb)

Auf Grund unterschiedlicher physikochemischer Eigenschaften des Hg und Pb sowie der geologischen Entwicklungsgeschichte der Erdgaslagerstätten im Rotliegenden resultieren verschiedene genetische Linien und Migrationsmechanismen. Der Transport des Quecksilbers aus den Speichergesteinen erfolgt überwiegend in der Gasphase oder als Aerosol entsprechend den von DIKENSTEJN u. a. (1973) entwickelten Modellvorstellungen. Obwohl die Mobilisation von Blei in geringen Konzentrationen in der Gasphase, z. B. als Hg_xPb_y, möglich ist, überwiegen Transportvorgänge in wäßriger Phase. Die Triebkraft ist die natürliche Energie des Lagerstätteninhalts bzw. die Druckentlastung, die durch die Förderung geschaffen wird. Bleihaltige Ablagerungen wurden insbesondere in Erdgassonden ermittelt, die schichtwasserführend sind. Die Rotliegendschichtwässer enthalten $n \cdot 10 - n \cdot 100$ mg/l Blei, d. h. weit mehr als viele andere Schichtwässer (RITTENHOUSE u. a. 1969, Tab. 1). Sie sind größenordnungsmäßig mit den Thermalwässern von Salton Sea zu vergleichen, liegen aber deutlich höher als in den Thermalwässern von Celeken und den metallhaltigen Laugen und Porenwässern aus dem Atlantis-II-Tief (Tab. 1). Bedeutsam für die Herkunft dieser Wässer sind genetische Beziehungen zu Evaporiten und Reaktionsmechanismen der hochkonzentrierten Wässer im Speichergestein bzw. durch magmatogene Vorgänge bedingte Wärme — eventuell auch Stoffzufuhr, wie sie von LEBEDEW (1975), WHITE (1967), BREWER & SPENCER (1969) sowie CRAIG (1969) erörtert wurden.

Die hochkonzentrierten Schichtwässer im Rotliegenden der Altmark werden als diagenetisch veränderte Sedimentationswässer mit Salinarbeeinflussung eingestuft (MÜLLER 1969, MÜLLER u. a. 1975, 1976). Infolge der hohen Chloridkonzentrationen und des Redoxpotentials sind sie in der Lage, aus dem Speichergestein Metalle, wie z. B. Pb, durch Lösungsvorgänge aufzunehmen. Die Mobilisation von Metallen aus Sedimentiten und Metamorphiten durch Elektrolytlösungen wurde mehrfach experimentell nachgewiesen (BELEWZEW 1970, BELEWZEW u. a. 1973, EWERS 1977). So sind saure wäßrige Lösungen bei 200 °C und 300 kp/cm² in der Lage, mehr als 40% des primären Metallinhalts aus Sedimentiten zu extrahieren. Die Pb-Konzentrationen der Schichtwässer im Rotliegenden können daher zwanglos auf diesen Prozeß zurückgeführt werden, wobei synsedimentäre Metallkonzentrationen der Lösungen oder eine postmagmatische epithermale Metallzufuhr auf Grund des bisherigen Erkenntnisstands nicht auszuschließen sind. Über die Bindungsverhältnisse des Pb in wäßriger Lösung existieren in der Literatur weitgehend einheitliche Vorstellungen (LEBEDEW 1975, BROOKS u. a. 1969, NRIAGU & ANDERSON 1971, TSAI & COONEY 1976), in denen die Spurenmetallbindung in Form von Chlorokomplexen dargestellt wird, wobei gleichfalls Bindungen mit HCO_3^-, Br^-, OH^- existent sind.

Als Transportform des Bleis im Schichtwasseranteil bei der Erdgasförderung aus dem Rotliegenden wird dem $(PbCl_4)^{2-}$-Komplex die wesentlichste Bedeutung zugeschrieben. Modell-

Abb. 3. Blei- und Quecksilberablagerungen aus dem Sohlenbereich einer Erdgassonde

Tab. 1. Chemismus und Bleigehalte von Wässern verschiedener Herkunft

	Celeken [mg/l] LEBEDEW 1975 Bhg. E-81	Salton Sea [ppm] WHITE 1967 Analyse 18	Atlantis-II-Tief [ppm] BREWER & SPENCER 1969	Atlantis-II-Tief [ppm] Porenwasser BROOKS u. a. 1969	823 Erdölbegleitwässer [ppm] USA, Kanada RITTENHOUSE u. a. 1969	Altmark [mg/l] MÜLLER & PAPENDIECK 1975
K	620	25000	1870	2180	100	6920
Na	73430	51000	92600	100900	$x \cdot 10000$	72200
Mg	3232	35	760	860		1830
Ca	22942	40000	5150	6280	$1 - x \cdot 10000$	55000
Cl	160000	185000	156030		$x \cdot 10000$	219900
Br	499	146	130			850
J	20,9	22				18,7
SO_4	370	56	840		$1 - x \cdot 10000$	110
pH	6,0	5,5				6,0
Pb	2,54	104	0,6	4	$nn(-x \cdot 0{,}001)$	$n \cdot 10 - n \cdot 100$

mäßig können daher die nachgewiesenen Phasen Pb, $HgPb_2$ und (Hg, Pb) wie folgt genetisch erklärt werden: Die Schichtwässer des Rotliegenden transportieren das Blei in Form von Chlorokomplexen im Erdgasstrom, der Hg in der Dampfphase enthält, aus den Speichergesteinen über die Förderinstallationen in die Erdgasaufbereitungslinien über Tage. Durch differenzierte Druck- und Temperaturunterschiede beim Förderprozeß sowie elektrochemische Umsetzungen am Stahl der Sondeninstallation erfolgt die Ablagerung von metallischem Blei aus der chloridischen Salzlösung nach dem Reaktionsschema

$$(PbCl_4)^{2-} \underset{}{\overset{(H_2O)}{\rightleftharpoons}} Pb^{2+} + 4\,Cl^-$$

$$Pb^{2+} + Fe^{\pm 0} \rightleftharpoons Pb^{\pm 0} + Fe^{2+}$$

Das metallische Blei ist ein ausgezeichneter Reaktionspartner für die Umbildung zu den nachgewiesenen Amalgamen $PbHg_2$ und (Hg, Pb), indem eine Vermischung mit flüssigen Quecksilberablagerungen auftritt. Die Ablagerungsbedingungen der metallischen Beläge innerhalb der Erdgasfördereinrichtungen sind funktionell abhängig von der Strömungsgeschwindigkeit des Erdgases, den p/T-Bedingungen sowie den Konzentrationsgefällen der fluiden Phasen.

4. Charakteristik der neugebildeten Bleiamalgame

Grundlage für den Nachweis von Bleiamalgamen in den Erdgaslagerstätten der Altmark ist die Erforschung des Systems Hg—Pb durch die sowjetischen Forscher JAN-SCHO-SJAN u. a. (1967, Abb. 4). Diese Ergebnisse zeigen, daß im System Hg—Pb zwischen 350 °C und —50 °C außer der flüssigen Phase drei feste Phasen vorkommen, nämlich α-(Hg, Pb) 0—23% Hg, β-$HgPb_2$ und unter —38 °C γ-Hg. Ferner wurden die Untersuchungsergebnisse von TYZACK & RAYNOR (1954) am $HgPb_2$ genutzt und synthetisch aus wäßrigen Lösungen hergestelltes $HgPb_2$ untersucht.
Die Identifikation der festen Bleiamalgame der Erdgaslagerstätten Altmark erfolgte anhand des Vergleichs der Gitterparameter der künstlichen α- und β-Phase des Systems Hg—Pb und der in den Erdgaslagerstätten der Altmark gebildeten Bleiamalgame.

$HgPb_2$

Kristallstrukturelle Daten

Die *d*-Werte des $HgPb_2$ der Altmark und von synthetisiertem $HgPb_2$ wurden mit einem Röntgenzählrohrgoniometer ($Cu—K_\alpha$-Strahlung) im Bereich von 2°—64°, z. T. bis 124° (2ϑ) bei

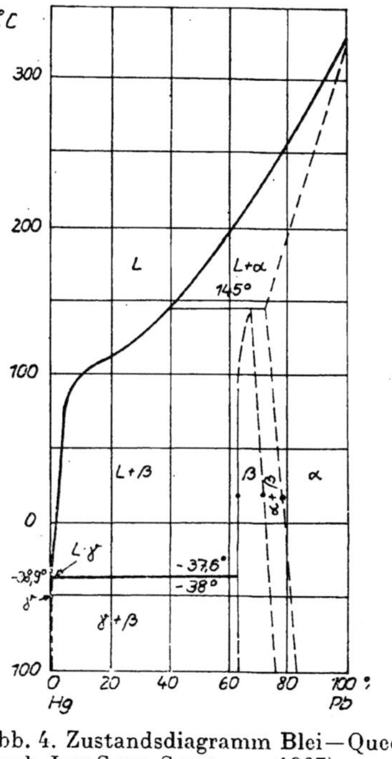

Abb. 4. Zustandsdiagramm Blei—Quecksilber (nach JAN-SCHO-SJAN u. a. 1967)

Zimmertemperatur (20°—25 °C) bestimmt (Tab. 2). Als Standard wurde z. T. Quarz zugemischt. Die Indizierung der gefundenen *d*-Werte wurde durch TYZACK & RAYNOR (1954) und JAN-SCHO-SJAN u. a. (1967) für ein tetragonal flächenzentriertes bzw. tetragonal innenzentriertes Gitter vorgenommen. Aus den *d*-Werten wurden die Gitterkonstanten a_0 und G_0 errechnet und mit den in der Literatur angegebenen verglichen (Tab. 3).
Der Vergleich ergab die Identität der Parameter der Vorkommen der Altmark mit der α- und β-Phase des Systems Hg—Pb. Mit Ausnahme von (040) und (004) konnten alle 12 zu erwartenden *d*-Werte $\geqq$ 0,10 nm an Probenmaterial aus der Altmark nachgewiesen werden. Einkristalle standen bisher nicht zur Verfügung.

Ritzhärte

Die Härte ist < 2 (Mohs). $HgPb_2$ der Altmark wird durch einen Gipseinkristall deutlich geritzt.

Röntgenographische Dichte

Die röntgenographische Dichte ist bei Annahme, daß die tetragonal flächenzentrierte Elementarzelle vier Atome in einem Verhältnis Hg:Pb wie 1,25:2,75 ($HgPb_{2,2}$) enthält, ungefähr gleich 12,1 g/cm³. Dies entspricht einer Dichte, die sich für ein Gemenge von Hg und Pb im Verhältnis 1,25:2,75 errechnen läßt. Wird angenommen, daß die Elementarzelle nur drei Atome enthält, ergibt sich eine Dichte unter 10 g/cm³.

Schmelzpunkt

Der Schmelzpunkt (peritektisch) ist 145 °C nach JAN-SCHO-SJAN u. a. (1967).

Farbe

Frisch geschnittene oder geritzte Flächen von $HgPb_2$ der Altmark haben silberweißglänzende Farbe. Die Flächen laufen jedoch sehr rasch grau an.

Die chemische Zusammensetzung

von $HgPb_2$ ist durch die Untersuchungen von JAN-SCHO-SJAN u. a. (1967) bekannt. Der Homogenitätsbereich umfaßt 27 bis 36 Atomprozent Hg und 73 — 64 Atomprozent Pb. Der Mittelpunkt des Homogenitätsbereichs liegt bei 30 1/2% Hg und 69 1/2% Pb und entspricht dabei einem Verhältnis von Hg:Pb wie 1,22:2,78 ($HgPb_{2,3}$). Die genaue Angabe des Chemismus der Kristallart $HgPb_2$ bleibt einer eingehenden kristallstrukturellen Untersuchung vorbehalten. Das $HgPb_2$ der Altmark wurde röntgenspektrometrisch untersucht, Pb und Hg sind in vergleichbarer Größenordnung vorhanden, der Pb-Gehalt ist deutlich größer als der Hg-Gehalt.

Weitere Eigenschaften

Zur Korngröße können keine Angaben gemacht werden, da die Schliffe von Körnerpräparaten zu schnell anliefen. Die aus den Abscheidungen ausgelesenen Bleiamalgampartikel erreichten in wenigen Fällen mm-Größen.

(Hg, Pb) 0—23% Hg, Fm 3m — O_h^5

Kristallstrukturelle Daten

Die kristallstrukturellen Daten von (Hg, Pb) mit 20 Atomprozent Hg sind unter den gleichen Bedingungen erhalten worden, wie die von $HgPb_2$ (Tab. 3).

Röntgenographische Dichte

Die röntgenographische Dichte ergibt einen Wert von 11,8 g/cm³ und ist mit der für ein gleichartig zusammengesetztes Gemenge fast identisch.

Schmelzpunkt

Der Schmelzpunkt (peritektisch) liegt für (Hg, Pb) mit 20 Atomprozent Hg nach JAN-SCHO-SJAN u. a. (1967) bei 193 °C.

Chemische Zusammensetzung

Die chemische Zusammensetzung variiert nach JAN-SCHO-SJAN u. a. (1967) zwischen 0 und 23% Hg und 100 bis 77% Pb. Die gesonderte Hervorhebung des (Hg, Pb)—Fm3m gegenüber dem ebenfalls in den Abscheidungen der Erdgase der Lagerstätten der Altmark vorkommenden Pb entspricht den Nomen-

Tab. 2. d-Werte in nm von $HgPb_2$ (CuK_α-Strahlung)
(Angaben in nm entsprechend den gesetzlich geltenden Bestimmungen, siehe auch KLEBER 1977, 1 Å = 0,1 nm)

Indices F	J	1. d-Wert	Int.	2. d-Wert	Int.	3. d-Wert	Int.	4. d-Wert	Int.
(111)	(011)	0,279	st	$0{,}277_6$	st	0,276	st	0,278	100
(020)	(110)	0,250	m	$0{,}248_6$	m	0,248	m	0,249	34
(002)	(002)	0,227	s	$0{,}226_1$	m	0,225	m	0,225	17
(220)	(020)	0,176	s	0,1758	s	0,175	s	0,176	18
(022)	(112)	0,167	s	0,167	Quarz	0,167	m	0,1675	22
(131)	(121)	0,149	s	0,1486	m	0,148	m	0,1492	22
(222)	(022)	—	—	—	—	—	—	0,1392	11
u (113)	(013)								
(133)	(123)							0,1092	6
(331)	(321)							0,1142	3
(242)	(042)							0,10035	4

F = Fächenzentrierte Indizierung, J = Innenzentrierte Indizierung,
1 $HgPb_2$ ausgelesenes Korn, untergeordnet durch Pb-haltige Zersetzugnsprodukte verunreinigt (Pb OH Cl?),
2. $HgPb_2$ ausgewählte Linien aus einer Feststoffprobe mit Quarzzumischung zur Präzisierung der d-Werte,
3 $HgPb_2$ aus Lösungen synthetisiert (mit Bleimengungen von Massicot und Bleihydroxidkarbonat)
4 wie 1, zweite Aufnahme
Int = Intensität in % bzw. st = stark, m = mittel, s = schwach

Indices	1 d-Wert	Int	2. d-Wert	Int.	Gitterkonst a_0
(111)	0,280	100	0,2797	m	$0{,}484_4$
(200)	0,243	38	0,2431	Quarz	0,486
(220)	0,172	33	0,1727	s	$0{,}488_5$
(311)	0,1465	26			

1 (Hg, Pb) aus einem mit $HgPb_2$ verwachsenen Korn,
2. (Hg, Pb) als untergeordnete Komponente in einer Feststoffprobe mit Quarzzumischung,

Gitterparameter in nm von $HgPb_2$ und (Hg, Pb)[1])

Phase	$a_0(J)$	$a_0(F)$	c_0	$c/a(J)$	$c/a(F)$	Herkunft
$HgPb_2$	0,352	0,497	0,453	1,29	0,91	Altmark
$HgPb_2$[2])	0,3527	0,4982	0,4512	1,2807	0,906	TYZACK & RAYNOR 1954
(Hg, Pb)		0,4866 ±0,0001			(1,0)	JAN-SCHO-SJAN u. a. 1967
(Hg, Pb)		0,487 (0,48658)			(1,0)	Altmark

1) 20% Hg,
2) berechnet aus den kX-Angaben von TYZACK & RAYNOR 1954

Tab. 3 Charakteristik der Amalgame $HgPb_2$ und (Hg, Pb)

Phase	Atomprozent		KS	Gitterkonstanten (nm)				Härte (Mohs)	Farbe
	Hg	Pb		a_0	c_0	Spt	Drö		
$HgPb_2$	27–36	73–64	tetr J	0,352	0,452	145°	12,1	<2	silberweiß glänzend grau anlaufend
(Hg, Pb) 0–23% Hg	20	80	Fm3m	0,487[1])		193°[1]	11,8[1])		
Hg	100–99	0–1	(flüssig)						

KS Angaben zum Kristallgitter, Spt Schmelzpunkt
Drö röntgenographische Dichte
1) Werte für einen (Hg, Pb) Mischkristall mit 20% Hg

klaturregeln von GRIGORJEW (1975) nicht. Sie folgt jedoch den bei Amalgamen z. Z. angewandten Regeln. In diesem Zusammenhang sei auf die Definition von Kongsbergit (Ag, Hg) mit 0–31% Hg–Fm3m gegenüber Ag–Fm3m verwiesen.

Hg (flüssig) mit 0–1% Pb

Chemische Zusammensetzung

Die chemische Zusammensetzung des Hg in den Abscheidungen der Gase der Altmark ist dadurch gekennzeichnet, daß z. T. Pb amalgamiert ist. Die Pb-Gehalte können bis ca 1% (Gewichtsprozent) ansteigen. (Analytiker LIMPACK, UNGETHÜM)

5. Grenzfälle der natürlichen Bildung von Mineralen

Die Präzisierung des Mineralbegriffs ist z. Z. ein aktueller Gegenstand der mineralogischen Forschung Jedoch fehlt im allgemeinen, wie z. B in den Arbeiten des Sammelbands „Aspects of theoretical mineralogy in the USSR" (1964) und auch bei GRIGORJEW (1975), eine eingehendere Darstellung zum Problem der natürlichen Bildung der Mineralarten, einer wesentlichen Seite des Mineralbegriffs.
Die historisch gewachsenen Auffassungen der Mineralogen zum Mineralbegriff und die von ihnen geübte Praxis des Mineralbegriffs sind z Z. nicht ganz einheitlich und nicht ganz eindeutig Fünf Beispiele seien erwähnt.

So werden Minerale definiert als

- Kristallarten, die in der Natur (Erde, Kosmos) ohne Zutun des Menschen, der Tiere und Pflanzen entstanden sind, bzw. entstehen können (RAMDOHR & STRUNZ 1967);
- stofflich einheitliche natürliche Bestandteile der Erdkruste (SEIM 1974);
- genetisch gesehen natürliche chemische Verbindungen (seltener Elemente) ... physikochemischer Prozesse, die sich in der Erdrinde vollziehen (BETECHTIN 1974);
- ... individualisierbare anorganische Produkte natürlicher physikalisch-chemischer Reaktionen und die im kristallisierten Zustand vorkommen (GODOWIKOW 1975).

Eine Definition wie die von GUNTAU (1967), wonach ein Mineral als

- stofflich einheitlicher unbelebter Bestandteil der festen Erdkruste, der ohne bewußte Einflußnahme (Hervorhebung von Verf.) entstanden ist, aufgefaßt wird, ist eine Seltenheit.

Folglich werden alle in der unbelebten und vom Menschen unberührten Natur und bisher mindestens an einem bestimmten Ort in bzw. auf der Erde und anderen kosmischen Körpern aufgefundenen Kristallarten als Mineralarten angesehen. Dagegen werden alle die Kristalle nicht als Minerale betrachtet, die synthetisch im Labor oder aber als Produkt oder Nebenprodukt bei der Verarbeitung von Rohmaterialien im Produktionsprozeß entstehen.
Es gibt jedoch auch Grenzfälle. Bereits NAUMANN (1859) erfaßt in seinen „Elementen der Mineralogie" Mineralien wie Struvit und Melanterit. RAMDOHR bemerkt z. B., daß Grubenbrandbildungen keine Mineralien sind, bzw. er charakterisiert sie als halb künstlich, führt jedoch in seinen Lehrbüchern solche Vorkommen relativ zahlreich an. FLEISCHER (1955) weist bei der Referierung des neuen Minerals Chalkonatronit, einem Korrosionsprodukt alter, lange in der Erde begrabener ägyptischer Bronzen, darauf hin, daß es zur Mineralbenennung unterschiedliche Auffassungen gibt. Calclatit, eine Neubildung in einem Museumschrank, wird dagegen von FLEISCHER (1947) als Mineral abgelehnt.
Es wird also zugelassen, daß der Mineralbegriff nicht für alle Mineralarten und Mineralien zutrifft. Dies bezieht sich nicht nur auf den Umstand, daß ein Mineral ein natürliches Produkt ist, das in der vom Menschen unberührten Natur entstand, sondern auch darauf, daß ein Mineral ein kristallisiertes Produkt ist. Ein solches nichtkristallisiertes Mineral ist z. B. das Quecksilber. Ferner zeigen Beschreibungen und paragenetische Kennzeichnungen von Mineralvorkommen in der mineralogischen Literatur, daß nachstehend genannte Tätigkeiten des Menschen eine der Bedingungen für die Entstehung der in Tab. 4 aufgelisteten Minerale waren bzw. sein könnten:

- Errichtung von Bergwerken zur Förderung von festen mineralischen Rohstoffen,
- Schaffung technischer Anlagen zur Gewinnung von Thermalwässern,
- Schaffung von Halden zur Gewinnung von Rohstoffen und zur Ablagerung nicht genutzter Abprodukte des Bergbaus und des Hüttenwesens,
- Ablagerung von natürlichem Mist in Dunggruben u. ä.,
- Grablegungen und Schaffung von Begräbnisstätten usw.

Tab. 4. Mineralarten, die in der von Menschen veränderten Natur entstanden sein können

1. Verwitterungsbildungen an der Oberfläche künstlich geschaffener Aufschlüsse Untertage, im Grubenschlamm und auf Bergbauhalden

Goethit	α-FeOOH
Calcit	$CaCO_3$
Swartzit	$CaMg(UO_2/CO_3)_3 \cdot 12\,H_2O$
Melanterit	$FeSO_4 \cdot 7\,H_2O$
Bieberit	$CoSO_4 \cdot 7\,H_2O$
Goslarit	$ZnSO_4 \cdot 7\,H_2O$
Bianchit	$(Zn, Fe)SO_4 \cdot 6\,H_2O$
Chalkanthit	$CuSO_4 \cdot 5\,H_2O$
Gips	$CaSO_4 \cdot 2\,H_2O$
Mirabilit	$Na_2SO_4 \cdot 10\,H_2O$
Römerit	$Fe_3(SO_4)_4 \cdot 14\,H_2O$
Alunogen	$Al_2(SO_4)_3 \cdot 18\,H_2O$
Halotrichit	$FeAl_2(SO_4)_4 \cdot 22\,H_2O$
Winebergit	$Al_4(OH)_{10}SO_4 \cdot 7\,H_2O$
Picropharmakolith	$Ca_4MgH_2[AsO_4] \cdot 11\,H_2O$
Pascoit	$CaV_6O_{17} \cdot 11\,H_2O$

2. Neubildungen bei Grubenbränden, Haldenbränden und auf Kohlenhalden

Eisen	Fe
Schwefel	S
Selen	Se
Realgar	As_4S_4
Bararsit	$(NH_4)_2 \cdot SiF_6$
Kryptohalit	$(NH_4)_2 \cdot SiF_6$
Salmiak	NH_4Cl
Arsenolith	As_2O_3
Claudetit	As_2O_3
Thenardit	Na_2SO_4
Mascagnit	$(NH_4)_2SO_4$
Yavapaiit	$KFe(SO_4)_2$
Letovicit	$(NH_4)_3H(SO_4)_2$
Gips	$CaSO_4 \cdot 2\,H_2O$
Lausenit	$Fe_2(SO_4)_3 \cdot 6\,H_2O$
Kalialaun	$KAl(SO_4)_2 \cdot 12\,H_2O$
Tschermigit	$NH_4Al(SO_4)_2 \cdot 12\,H_2O$
Butlerit	$Fe(OH)SO_4 \cdot 2\,H_2O$
Parabutlerit	$Fe(OH)/SO_4 \cdot 2\,H_2O$
Guildit	$Cu_3Fe_4[(OH)_4/(SO_4)_7] \cdot 15\,H_2O$

3. Neubildungen bei Waldbränden (in der Asche von Waldbränden)

Fairchildit	$K_2Ca(CO_3)_2$
Bütschliit	$K_2Ca(CO_3)_2$

4. Verwitterungsbildungen auf der Oberfläche einzelner früher an der Erdoberfläche, auch unter Wasser abgelagerter technischer Materialien (Münzen, Gefäße u. ä.)

Cuprit	Cu_2O
Atacamit	$Cu_2(OH)_3Cl$
Botallackit	$Cu_2(OH)_3Cl$
Römacherit	SnO
Hydroromacherit	$5\,SnO \cdot 2\,H_2O$
Chalkonatronit	$Na_2Cu(CO_3)_2$

5. Verwitterungsbildungen in und an der Oberfläche antiker Halden aus Hüttenprodukten insbes. bei Einwirkung von Meereswasser

Laurionit	PbOHCl
Paralaurionit	PbOHCl
Penfieldit	$Pb_2(OH/Cl_3)$
Fiedlerit	$Pb_3(OH)_2Cl_4$
Aragonit	$CaCO_3$
Hydrocerussit	$Pb_3(OH_3)_2$
Anglesit	$PbSO_4$
Georgiadesit	$Pb_3(Cl_3/AsO_4)$

6. Neubildungen an der Oberfläche von Untertage eingebrachten technischen Anlagen (Grubenausbau, Bohrungen u. ä.)

Kupfer	Cu
Galenit	PbS
Sphalerit	ZnS
Phosgenit	$Pb_2(Cl_2/CO_3)$
Cerussit	$PbCO_3$
Biringuccit	$Na_2[B_5O_7(OH_3] \cdot 1/2\,H_2O$
Devillin	$CaCu_4[(OH)_3/SO_4]_2 \cdot 3\,H_2O$

7. Neubildungen in Laugenseen in Grubengebäuden

Halit	NaCl
Carnallit	$KMgCl_3 \cdot 6\,H_2O$
Gips	$CaSO_4 \cdot 2\,H_2O$
Epsomit	$MgSO_4 \cdot 7\,H_2O$

8. Neubildungen in Düngergruben

Struvit	$NH_4MgPO_4 \cdot 6\,H_2O$

9. Neubildungen an Bauten bei der Einwirkung vulkanischer Tätigkeit

Glaserit	$K_3Na(SO_4)_2$

Tab. 5. Prozesse, die zur Bildung von Mineral- und Kristallvorkommen führen

	Stoffbestand aus 1 der Erdkruste sowie teilweise der Atmosphäre und Hydrosphäre	2 Kultur-techn. Produkten sowie teilweise der Erdkruste, der Hydro- u. Atmosphäre	3 biologischem Material (Biosphäre)
1. geologische Prozesse unter der Erdoberfläche			
— Paragenesen auf natürlichen Bildungen	— Goslarit (z. B. im Alten Mann)	— Goethit (z. B. Rost im Alten Mann)	
— Paragenesen auf technischen Produkten	— Kupfer auf Eisen	— Chalkonatronit (z. B. in antiken Grabstätten)	
2. natürliche Prozesse an der Erdoberfläche			Fairchildit (z. B. bei Waldbränden)
— Paragenesen auf natürlichen Bildungen		— Goethit (z. B. Rost)	
— Paragenesen auf Halden	— Cerussit	— Laurionit	
3. Kombiniert geologisch-technische Prozesse in der Erdkruste			
— Paragenese auf natürlichen Bildungen	— Gips (z. B. im Alten Mann)		
— Paragenesen auf technischen Produkten	— Biringuccit in Bohrungen	— Phosgenit (z. B. auf Bleiröhren)	
4. Kombinierte natürlich-technische Prozesse an der Erdoberfläche und ihre Paragenesen	Tonmineralien der Kulturböden		Struvit (z. B. in Dunggruben)
5. natürliche Prozesse in der Atmosphäre, Hydrosphäre und Biosphäre und ihre Paragenesen	Calclatit (auf Bohrkernen im Museum)	Malachit der Patina	Harnsäure (im Harnsediment)

Mit Ausnahme der Bildungen in der Reihe 5 werden die Bildungen der Spalten 1 und 3 fast immer, die der Spalte 2 teilweise als Mineral beschrieben.

Außerdem können noch Katastrophen, Zufälle u. ä. zur Ablagerung von materiellen Erzeugnissen der Kultur an der Erdoberfläche bzw. zur Einbeziehung in die Erdkruste führen, so daß es in diesem Zusammenhang zur Bildung von Mineralen kommen kann. Dies gilt auch für Verwitterungsneubildungen in Mülldeponien. Aus der Beschreibung solcher Vorkommen von Mineralien geht weiter hervor, daß die Mineralbildung zwar in bestimmtem Umfang im Gefolge einer menschlichen Tätigkeit, jedoch unbeabsichtigt, stattfand. Die Mineralbildung war dabei nicht das Ziel menschlicher Tätigkeit, z. T. war die Mineralbildung sogar unerwünscht. Diese Beispiele zeigen, daß in der mineralogischen Wissenschaft Vorkommen solcher Art (Tab. 5) als Mineralvorkommen aufgefaßt und beschrieben werden, obwohl sie nicht in der unberührten Natur entstanden sind. Kristalle können also auch dann als Minerale beschrieben werden, wenn sie spontan und unbeabsichtigt unter Mitwirkung des Menschen und exogener bzw. endogener Dynamik entstanden. Dies gilt, wenn sie sich

1. vorwiegend aus Bestandteilen der Erdkruste unter der Erdoberfläche bzw. auf Bergbauhalden bei bzw. im Gefolge der Schaffung von geologischen und bergmännischen Aufschlüssen und der Gewinnung mineralischer Rohstoffe bildeten, oder wenn sie sich

2. vorwiegend aus Bestandteilen materieller, aus dem Lebens- und Arbeitsprozeß der Gesellschaft ausgeschiedener Kulturgüter bei bzw. im Gefolge deren Ablagerung an bzw. unter der Erdoberfläche und bei Einverleibung in die Erdkruste bildeten.

Solche Vorkommen sind Zeugnis der Wirkung des Menschen als geologischer Faktor und stehen in enger Verbindung mit der in bzw. auf der Erdkruste wirkenden exogenen und endogenen Dynamik. Sie beinhalten Reaktionen der natürlichen Umwelt (Erdkruste, Erdoberfläche) auf den Eingriff des Menschen. Damit wird der Begriff Natur bzw. natürlich in der mineralogischen Wissenschaft bei Mineralvorkommen und Mineralen in den geschilderten Fällen ausnahmsweise weiter gefaßt als es üblich ist. Es werden nicht nur Mineralvorkommen der unberührten Natur (Erdkruste, Erdoberfläche) untersucht, sondern auch solche der „berührten" Natur (Erdkruste und Erdoberfläche), auf die der Mensch bzw. die menschliche Gesellschaft einwirkt bzw. eingewirkt hat. Im „Philosophischen Wörterbuch" definieren KLAUS & BUHR (1976) dagegen den Begriff Natur u. a. folgendermaßen:

„Natur zum Unterschied von Kultur, als das vom Menschen nicht Veränderte, nicht Geschaffene, als das unabhängig von der Tätigkeit des Menschen Entstandene".

AGRICOLA (1975) erläutert den Gebrauch des Wortes natürlich und künstlich u. a. wie folgt — natürlich — der Natur und Wirklichkeit entsprechend — z. B. ein natürliches Mineralwasser. Das Wort künstlich wird jedoch durch „vom Menschen gemacht, beabsichtigt, gewollt" charakterisiert.
Zweifellos wird das Studium von Mineralien in der Erdkruste, deren Bildung mit der Einwirkung des Menschen bzw. der Gesellschaft als geologischer Faktor auf die Erdkruste und auf die in ihr ablaufenden geologischen Prozesse in Zusammenhang steht, einen wichtigen Beitrag zur Erforschung und allseitigen Nutzbarmachung der Erdkruste leisten.

6. Vorschlag von Kriterien, die bei der Beurteilung der natürlichen oder künstlichen Bildung von Kristallarten herangezogen werden sollten

Es wird zugelassen, daß die Definition des „Minerals" nicht alle Mineralien s.str. berücksichtigt, sondern auch Ausnahmen umfaßt. Dies betrifft z. B. Kristalle verschiedener Kristallarten, die unbeabsichtigt im Gefolge menschlicher Tätigkeit und unter Mitwirkung geologischer Prozesse und Kräfte entstanden sind und als Mineralien beschrieben werden. Bei der Beurteilung, ob Kristalle einer derartigen Genese Mineralien sind, sollten folgende Kriterien gelten.

1. Aufbau der Kristalle aus chemischen Verbindungen bzw. Elementen der Erdkruste oder -oberfläche bzw. natürlicher extraterrestrischer Körper;

2. Bildung von Vorkommen der Kristalle innerhalb der Erdkruste bzw. -oberfläche, auch in künstlichen Räumen und Flächen, jedoch im Kontakt mit festen Teilen in der Erdkruste bzw. -oberfläche;

3. dasselbe im nicht unmittelbaren Kontakt mit festen Teilen in der Erdkruste bzw. -oberfläche, sondern mit künstlichen Produkten;

4. Bildungsmilieu (p, T.X, Elementparagenese usw.) solcher Art, daß eine Bildung von Kristallen dieser Kristallart ohne menschliche Tätigkeit in der Erdkruste bzw. -oberfläche möglich erscheint;

5. Vorhandensein ähnlicher, früher bereits als Mineralvorkommen aufgefaßter Kristallvorkommen, aus denen Mineralien beschrieben wurden (Gewohnheitsrecht).

Falls die Mehrheit der Kriterien, darunter mindestens das erste oder das zweite, auf die fraglichen Kristalle zutrifft, sollten sie als Minerale betrachtet werden. Für die Bleiamalgame der Erdgaslagerstätten der Altmark treffen die Kriterien 1, 3, 4 und 5 zu. Bezüglich der Kriterien 4 und 5 können folgende Hinweise gegeben werden: Gediegen Blei bildet sich auch in der vom Menschen unberührten Erdkruste (z. B. KARUP-MØLLER 1975). Bei Zusammentreffen von natürlichem Quecksilber oder Quecksilberlösungen mit gediegen Blei unter 300 °C könnten sich Bleiamalgame bilden. Andererseits sind Abscheidungen in Bohrungen (z. B. in der Borlagerstätte Lardarello) und in Bleirohren (Bourbonne les bains) bereits als Mineralvorkommen beschrieben und dabei auch neue Minerale definiert worden, die als solche anerkannt wurden, z. B. Biringuccit. Dies zeigt, daß auch die Bleiamalgame der Altmark als Minerale angesprochen werden dürfen.

7. Zusammenfassende Kennzeichnung der Bleiamalgame und Vorschlag für ihre Benennung

Die aus den natürlichen Begleitkomponenten der Erdgase der Lagerstätten Altmark gebildeten Bleiamalgame können nach den vorliegenden Untersuchungsergebnissen unter Berücksichtigung der Untersuchungen an synthetischem Material wie folgt gekennzeichnet werden (Tab. 3): Als Name wird nach der Lokalität seines Auftretens für das Bleiamalgam $HgPb_2$ „Altmarkit" vorgeschlagen. Das Bleiamalgam (Hg, Pb) der Altmark ist für eine Benennung z. Z. noch nicht ausreichend genug bekannt.

Das Quecksilber der Altmark ist mineralogisch als Quecksilber (Hg), z. T. etwas Pb enthaltend, zu bezeichnen. Es ist keine neue Mineralart.

Material der Bleiamalgame ist im Museum für Naturkunde 104 Berlin, DDR, hinterlegt.

Zusammenfassung

In den Erdgaslagerstätten im Rotliegenden der Altmark, deren Gase quecksilberführend sind, konnten während der Förderung in den unter- und obertägigen Installationen metallische Ablagerungen nachgewiesen werden, die blei- und quecksilberhaltig sind. Neben gediegenem Quecksilber und Blei wurden die beiden Amalgame $HgPb_2$ und (Hg, Pb) festgestellt. Die Identifikation der festen Bleiamalgame aus den Erdgaslagerstätten der Altmark erfolgte anhand des Vergleichs der Gitterparameter mit den künstlichen α- und β-Phasen des Systems Hg—Pb. Für das Bleiamalgam $HgPb_2$ wird nach der Lokalität seines Auftretens die Bezeichnung „Altmarkit" vorgeschlagen. Die Genese der Ablagerungsprodukte wird modellmäßig dargestellt. Das Auftreten der metallischen Beläge in den Erdgasförder-einrichtungen ist funktionell von der Strömungsgeschwindigkeit, den p/t-Bedingungen und den Konzentrationsgefällen der fluiden Phasen abhängig.

Резюме

На газовых месторожденях в ротлигендесе Альтмарка, газы которых ртутосодержащие, возможно было доказать во время добычи металлические отложения, содержащие свинец и ртуть, на подземных и надземных устройствах. Кроме благородной ртути и свинца установлено две амальгамы $HgPb_2$ и (Hg, Pb). Идентификация твердых свинцевых амальгамов из газовых месторождений Альтмарка происошла на основе сравнения решетчатых параметров с естественными а- и б-фазами сисетмы Hg—Pb. Для свинцевой амальгамы $HgPb_2$ предлагается по месту ее наступления название „Альтмаркит". Генезис продуктов отложений изображается по модели. Наступление металлических настилов в газодобывающих устройствах функтионально зависит от скорости течения, от условий P/T^0 и от уклонов концентрации жидких фаз.

Summary

In Lower Permian gas deposits of the Altmark, whose gases contain mercury, metallic deposits containing lead and mercury could be detected during the production in installations below and above ground. The two amalgams $HgPb_2$ and (Hg, Pb) were determined in addition to native mercury and lead. The solid lead amalgams from natural gas deposits of the Altmark were identified by a comparison of lattice parameters with the artificial α- and β-phases of the system Hg—Pb. In accordance with the locality of its occurrence the designation of "Altmarkit" is proposed for the lead amalgam $HgPb_2$. The genesis of the products of deposition is represented by a model. The presence of metallic coatings in gas-producing installations functionally depends on the rate of flow, p/t-conditions and concentration gradients of the fluid phases.

Literatur

AGRICOLA, E.: Wörter und Wendungen. — VEB Bibliograph. Institut Leipzig 1975.

BELEWZEW, JA. N.: Die Entstehung erzbildender Lösungen. — Z. angew. Geol., **16**, 7/8, 325—331, Berlin 1970.

BELEWZEW, JA. N.; FOMENKO, W. JU.; KUZER, W. N.; KUSENKO, S. W.: Die Mobilisierung von Metallen aus sedimentären und metamorphen Gesteinen durch wäßrige Lösungen (russ.). — Geol. Sh., **32**, 3, 42—51, Kiew 1972.

BETECHTIN, A. G.: Lehrbuch der speziellen Mineralogie. — Leipzig 1974.

BREWER, P. G.; SPENCER, D. W.: A note on the chemical composition of the Red Sea brines. In: DEGENS, E. T.; ROSS, D. A. (Hrsg.): Hot brines and recent heavy metal deposits in the Red Sea. — Springer-Verlag, New York 1969.

BROOKS, R. R.; KAPLAN, I. R.; PETERSON, M. N. A.: Trace element composition of Red Sea geothermal brine and interstitial water. In: DEGENS, E. T.; ROSS, D. A. (Hrsg.): Hot brines and recent heavy metal deposits in the Red Sea. — Springer-Verlag, New York 1969.

CRAIG, H.: Geochemistry and origin of the Red Sea brines. In: DEGENS, E. T.; ROSS, D. A. (Hrsg.): Hot brines and recent heavy metal deposits in the Red Sea. — Springer Verlag, New York 1969.

DIKENSTEJN, G. CH.; GLUSCHKO, W. W.; GOLDBECHER, K.; MÜLLER, E. P.; THEILIG, F.; PANKINA, R. G.; MAKSIMOW, S. P.: Zum Auftreten von Quecksilber in Erdgasen am Beispiel der Rotliegenderdgaslagerstätte. — Z. angew. Geol., **19**, 492—494, Berlin 1973.

EWGERS, G. R.: Experimental hot water — rock interactions and their significance to natural hydrothermal systems in New Zealand. — Geochim. et cosmochim. Acta, 41, 143—150, London 1977.

FLEISCHER, M.: New Mineral names: Amer. Mineral **32**, 254—255, Menasha 1947; **40**, 941—944, Menasha 1955; **48**, 708—712, Washington 1963.

—: New Mineral names. — Amer. Mineral., **48**, 708—712, Washington 1963.

GLUSCHKO, W. W.; HETZER, H.; KATZUNG, G.; DIKENSTEJN, G. CH.; SOLOWJOW, B. A.; TSCHERNYSCHEW, S. M.: Grundzüge des geologischen Baus und der Gasführung des Rotliegenden in der Mitteleuropäischen Senke. — Z. angew. Geol., **21**, 6, 253—262, Berlin 1975.

GODOWIKOW, A. A.: Mineralogija. — Moskau 1975.

GRIGORJEW, D. P.: Estestwennyje obekty mineralogii: mineralnyje indiwidy i mineralnyje widy. — Sap. min. w. ob., **104**, 513—154 (1975).

GUNTAU, M.: Bemerkungen zum Gegenstand der Mineralogie. — Freiberger Forsch.-H., D 53, 151—158, Berlin 1967.

JAN-SCHO-SJAN u. a.: Zustandsdiagramm des Systems Blei—Quecksilber (russ.). — AN kasach. SSR, **15**, 139—149, Alma-Ata 1967.

KARUP-MØLLER, S.: Neues Jb. Min. Mh., 229—241, Stuttgart 1975.

KLAUS, G.; BUHR, M.: Philosophisches Wörterbuch. — Akademie-Verlag, Berlin 1976.

KLEBER, W.: Einführung in die Kristallgraphie. — 13. Aufl. Verl. Technik, Berlin 1977.

LEBEDEW, L. M.: Rezente erzbildende Hydrothermen (russ.). — Verlag Nedra, Moskau 1975.

LEGGET, R. F.: Tschelowek kak geologitscheski agent. — Bull. mosk. obtsch. Ispyt. Prir., Otdel. geol., **44**, 1, 56—64, Moskau 1969.

MÜLLER, E. P.: Zur Geochemie der Tiefenwässer und organischen Substanz im Nordteil der DDR. — Z. angew. Geol., **15**, 3, 113—124, Berlin 1969.

MÜLLER, E. P.; GOLDBECHER, K.; BOTNEWA, T. A.: Zur Geochemie und Genese stickstoffreicher Erdgase. — Z. angew. Geol., **19**, 10, 494—499, Berlin 1973.

MÜLLER, E. P.; NEBEL, B.: Zur Isotopengeochemie des H, O und S in Tiefenwässern. — Z. angew. Geol., **22**, 8, 351—357, Berlin 1976.

MÜLLER, E. P.; PAPENDIECK, G.: Zur Verteilung, Genese und Dynamik von Tiefenwässern unter besonderer Berücksichtigung des Zechsteins. — Z. geol. Wiss., **3**, 167—196, Berlin 1975.

NAUMANN, C. F.: Elemente der Mineralogie. — 5. Aufl. Leipzig 1859.

NOWIKOW, A. A.: Tschelowek i litosfera. — Leningrad 1976.

RAMDOHR, P.; STRUNZ, H.: Klockmanns Lehrbuch der Mineralogie. — 15. Aufl. (1967).

RITTENHOUSE, G.; FULTON, R. B.; GRABOWSKI, R. J.; BERNARD, J. L.: Minor elements in oilfield waters. — Chem. Geol., **4**, 189—209, Amsterdam 1969.

RÖSLER, H. J.: Geochemie — Mensch — Umwelt. — Z. geol. Wiss., **1**, 119—124, Berlin 1973.

SIDORENKO, A. W.: Mensch — Technik — Erde. — Z. angew. Geol., **14**, 4, 169—176, Berlin 1968.

SEIM, R.: Minerale. — Neumann-Verlag, Radebeul 1974.

TSAI, P.; COONEY, R. P.: Ultraviolett spectroscopie for polynuclaer lead II complexes in sythnetic Red Sea brines. — Chem. Geol., **18**, 187—202, Amsterdam 1976.

TYSACK, C.; RAYNOR, G. V.: The lattice spacings of lead-rich substitutional solid solutions. — Acta crystallogr., **7**, 505—510, Kopenhagen 1954.

WHITE, D. E.: Mercury and base-metal deposits associated thermal and mineral waters. In: BARNES, H. L. (Hrsg.): Geochemistry of hydrothermal ore deposits. — Verlag Holt-Rinehart-Wonston, New York 1967.

WERNADSKI, W. I.: Geochemie. — Leipzig 1930.

Autorenkollektiv: Aspects of theoretical Mineralogy in the U.S.S.R. (edit. M. H. Battey and S. J. Tomkeieff). — Pergamon Press, Oxford u. a. 1964.

Methodischer Beitrag zur He-, Ne-, Ar-Isotopenuntersuchung an Grundwässern

SEIFERT, A., Freiberg

1. Die Anwendbarkeit von He-, Ne-, Ar-Isotopenkonzentrationen in der Hydrogeologie

Untersuchungen auf natürliche Gehalte an Edelgasisotopen von Helium, Neon und Argon im Grundwasser gewannen bei hydrogeologischen Arbeiten in den letzten Jahren an Bedeutung und führten in einigen Teilbereichen der Hydrogeologie zu brauchbaren Ergebnissen. So konnten MUSITSCHENKO & IWANOW (1973) bei hydrochemischen Sucharbeiten nach Erdöl-Erdgas-Lagerstätten und Uranlagerstätten Heliumanomalien in oberflächennahen Wässern nachweisen. CLARKE & KUGLER (1973) stellten fest, daß im Grundwasser gelöstes Helium ein Indikator für eine Uran- und Thoriummineralisation im Einzugsgebiet sein kann.
Edelgasisotopenverteilungen in Thermalwässern ermöglichten Aussagen über das Löslichkeitsverhalten der Isotope bei unterschiedlichen Temperaturverhältnissen und für die Bestimmung von Paläotemperaturen (MAZOR 1972, MAZOR & FOURNIER 1973). Die Edelgasisotopenkonzentrationen in Ozeanwässern lieferten wichtige Informationen über die komplizierten Strömungsverhältnisse in den Weltmeeren und über Edelgasanomalien in bestimmten Zonen der Ozeane (BIERI 1971, BIERI & KOIDE 1972). Die Möglichkeit, mit Hilfe von He—Ar-Konzentrationen Altersbestimmungen an Grundwässern mit hohem Alter (> 70000 Jahre) durchzuführen, nutzten TETZLAFF u. a. (1973). Dabei konnten die bestimmten Modellalter zur Bestätigung von Infiltrationsetappen innerhalb der hydrogeologischen Entwicklung eines Untersuchungsgebiets herangezogen werden.
Der Einsatz der massenspektrometrischen Analytik in der Hydrogeologie bringt neue Erkenntnisse und Probleme mit sich. Deshalb sollen an dieser Stelle der methodische Ablauf einer He-, Ne- und Ar- Isotopenuntersuchung an Grundwässern und eine fehlerarme He-, Ne- und Ar-Altersdatierung dargestellt werden.

2. Theoretische Grundlagen, Datierungsmöglichkeiten an Grundwässern, Arbeitsmethodik und Korrekturverfahren

Theoretische Grundlagen

Grundlage einer Edelgasisotopenuntersuchung ist die Kenntnis der Faktoren, die für die Herkunft, Bildung und Verteilung der Edelgasisotope in der Hydrosphäre verantwortlich sind. Die Gesamtsumme eines im Grundwasser vorhandenen Edelgases setzt sich aus Anteilen unterschiedlicher Herkunft zusammen:

a) einem ursprünglichen atmosphärischen Anteil, der während der Sedimentation eingeschlossen und versenkt worden ist,

b) einem epigenetischen Anteil, der aus dem kristallinen Fundament bzw. Mantelbereich auf Störungssystemen in die Sedimente und deren Wässer gelangte und

c) einem syngenetischen Anteil radiogenen Ursprungs.

Die radiogene Bildung der Edelgasisotope He und Ar ist abhängig vom Angebot an radioaktiven Elementen (hauptsächlich Uran, Thorium und Kalium) im Nebengestein bzw. Grundwasser sowie von der Dichte und Porosität der Gesteine.

Eingang des Manuskripts in der Redaktion: 25. 1. 1977.
Mein Dank gilt den Herren Dr. habil. J. PILOT und Dr. habil. H. P. JORDAN, die mir wertvolle Hinweise gaben.

Die Verteilung und Konzentration der Edelgasisotope im Grundwasser wird von physikochemischen Faktoren beeinflußt. Eine entscheidende Rolle spielen hierbei Dichte, Partialdruck und Löslichkeit der Edelgase sowie hauptsächlich die Salinität (Mineralisation) und Temperatur des Wassers.
Bekanntlich sind die Edelgase Helium, Neon und Argon, die in der Natur mehrere Isotope besitzen (Tab. 1), im Wasser gelöst oder liegen auf Grund eines erhöhten Angebots in freier Phase im Wasser vor. Ihre natürliche Löslichkeit in nicht oder nur gering mineralisierten Grundwässern ist bekannt (Tab. 2). Die natürliche Löslichkeit der Edelgasisotope in hochmineralisierten Tiefenwässern ist dagegen bisher wenig bekannt.

Datierungsmöglichkeiten

Die Möglichkeiten, mit Hilfe radiogener Edelgasakkumulationen im Grundwasser eine physikalische Altersbestimmung durchzuführen, sind von verschiedenen Autoren beschrieben worden, wobei radiogenes Helium (SAWTSCHENKO 1936, PAWLOW 1970, TETZLAFF u. a. 1973) oder radiogenes Argon (GERLING 1967) als Grundlage dienten. Diese in der Literatur beschriebenen Altersbestimmungen zeigen vier verschiedene Datierungsmöglichkeiten (Tab.3), wobei in die Altersbeziehungen die gemessenen, z. T. korrigierten Isotopenkonzentrationen und ein theoretisch ermittelter Koeffizient K eingehen. K setzt sich aus den Helium- oder Argonakkumulationsraten und den in Oberflächenwässern lösbaren atmosphärischen Edelgasanteilen zusammen (Tab. 2). Eine exakte Bestimmung der Heliumakkumulationsrate beschreibt PAWLOW (1970). Diese hat gegenüber anderen den entscheidenden Vorteil, daß be-

Tab. 1. Die He-, Ne- und Ar-Isotope und deren natürliche Häufigkeit in der Atmosphäre (nach HERTZ 1960 aus RÖSLER & LANGE 1965)

He		Ne		Ar	
^{3}He	0,00013	^{20}Ne	90,920	^{36}Ar	0,337
^{4}He	99,99987	^{21}Ne	0,257	^{38}Ar	0,063
		^{22}Ne	8,820	^{40}Ar	99,600

Tab. 2. Die natürliche Löslichkeit von Helium, Neon und Argon in Atmosphäre (nach MAZOR 1972) und Hydrosphäre (nach WEISS 1970, 1971)

	He	Ne	Ar	Maßeinheit
Atmosphäre	$5{,}24 \cdot 10^{-6}$	$1{,}82 \cdot 10^{-5}$	$0{,}93 \cdot 10^{-2}$	cm^3 Gas/1cm^3 Luft
Hydrosphäre:				
Süßwasser	$4{,}65 \cdot 10^{-8}$	$2{,}02 \cdot 10^{-7}$	$3{,}86 \cdot 10^{-4}$	cm^3 Gas/1 cm^3 Wasser, das mit Luft im Gleichgewicht steht, bei $T = 10\,°C$ u. $p = 1$ atm
Ozeanwasser	$3{,}71 \cdot 10^{-8}$	$1{,}85 \cdot 10^{-7}$	$2{,}90 \cdot 10^{-4}$	

Tab. 3. Datierungsmöglichkeiten für die Altersbestimmung von Wässern mit den Edelgasisotopen ^4He, ^{20}Ne, ^{40}Ar

Formel	Beziehung	Koeffizient	Voraussetzungen
(1)	$t = \frac{^4He_{rad}}{K}$	K = He-Akkumulationsrate	— He_{Luft} und $He_{epigenet.}$ können vernachlässigt werden — Die gemessenen He-Konzentrationen entsprechen den ursprünglichen He-Konzentrationen
(2)	$t = \frac{^4He_{rad}}{^{40}Ar_{Luft}} \cdot K$	$K = \frac{\text{theoretisch lösbares } Ar_{Luft}}{\text{He-Akkumulationsrate}}$	— He_L, $He_{epig.}$ siehe oben — $Ar_{rad} = 0$ — Durch das Edelgasverhältnis können die He-Diffusionsverluste kompensiert werden.
(3)	$t = \frac{^4He_{rad}}{^{20}Ne_{Luft}} \cdot K$	$K = \frac{\text{theoret. lösbares } Ne_{Luft}}{\text{He-Akkumulationsrate}}$	— He_L, $He_{epig.}$ siehe oben — Durch das Edelgasverhältnis können die He-Diffusionsverluste kompensiert werden.
(4)	$t = \frac{^{40}Ar_{rad}}{^{40}Ar_{Luft}} \cdot K$	$K = \frac{\text{theoret. lösbares } Ar_{Luft}}{\text{Ar-Akkumulationsrate}}$	— Eine meßbare Ar_{rad}-Konzentration ist vorhanden — Ar_{rad} läßt sich exakt von Ar_{Luft} abtrennen — Ar-Akkumulationsrate läßt sich bestimmen

rechnete Abgabekoeffizienten und Diffusionsverluste sowie die Art des speichernden Gesteins und seine stratigraphische Zugehörigkeit berücksichtigt werden. Die Akkumulationsrate des radiogenen Argons kann nach einer von GERLING u. a. (1967) entwickelten Formel errechnet werden. Bei der Betrachtung dieser Datierungsverfahren müssen folgende Faktoren beachtet werden:

1. Allgemein sind die Grundwässer im Verlauf eines differenzierten Geneseprozesses entstanden. Dabei können Mischungen von Wässern unterschiedlicher Untergrundverweilzeit eingetreten sein. Deshalb ist in erster Näherung nie ein mittleres Alter eines solchen Gemischs, sondern nur das Modellalter für einheitlich altes Wasser und in erweiterter Form ein Modellalter für eine Mischung rezenten und alten Wassers bestimmbar.
2. Regional gültige Helium- bzw. Argonproduktions- oder -akkumulationsraten beeinflussen die Festlegung des Alters dahingehend, daß eine zu kleine Rate ein zu hohes Alter und eine zu große ein zu geringes Alter ausweist.
3. Fremdzuführungen an Helium, die über Störungszonen aus dem kristallinen Fundament bzw. dem Mantelbereich in die Sedimentwässer gelangen (epigenetisches Helium), und Helium-Anomalien über Uran-, Thorium- und Kohlenwasserstofflagerstätten können die Gesamtmenge des Heliums im Grundwasser merklich erhöhen und somit ein zu hohes Alter andeuten.
4. Die Verwendung der Edelgasverhältnisse (He/Ar, Ne/Ar) für die Datierung setzt voraus, daß Neon und Argon zumindest die gleiche Tendenz der Abhängigkeit von den physikochemischen Faktoren des Wassers wie Helium aufweisen und dadurch Diffusionsverluste die Bestimmung des Alters nicht entscheidend beeinflussen können.

Nach MAZOR & FOURNIER (1973) muß aber angenommen werden, daß das Helium als leichtestes inertes Gas außerordentlich mobil ist und schneller auf Entlösungsvorgänge reagiert als Neon und Argon. Eine zu geringe Altersangabe wäre die Folge. Unter Beachtung dieser Gesichtspunkte sind Altersbestimmungen erfolgversprechend, wenn:

1. die Bestimmung der Heliumakkumulationsraten von PAWLOW (1970) Eingang in die Formeln findet,
2. die atmosphärischen Helium- und Argonanteile rechnerisch ermittelt werden,
3. die Diffusionsverluste (insbesondere von He) abgeschätzt werden können und
4. unter Beachtung der unterschiedlichen Fehlerquellen die ermittelten Alter der Grundwässer entsprechend interpretiert werden.

Arbeitsmethodik

Die Isotopenanalyse von Helium, Neon und Argon erfordert eine sorgfältige Probenahme und ein geeignetes Analysen- und Meßverfahren von hoher Genauigkeit. Die Schwierigkeit der Untersuchung liegt in der außerordentlich hohen Mobilität der Edelgase begründet; die Isotopengehalte werden verfälscht, wenn ein Gasaustausch zwischen Wasserproben und atmosphärischer Luft stattfindet. Infolgedessen muß bei der Probenahme beachtet werden, daß das Wasser nicht bzw. nur kurzzeitig mit Luft in Berührung kommt und keine Luftblasen in die evakuierten Probenahmeflaschen (20—100 ml Fassungsvermögen) gelangen. Als geeignetes Analysen- und Meßverfahren erweist sich die massenspektrometrische Untersuchung, da sie den Nachweis kleinster Edelgasmengen (bis 10^{-10} Vol.%) erlaubt und Isotopenanalysen ermöglicht.
Die Edelgasisotope wurden mit dem Massenspektrometer GD 150, Typ Varian MAT, gemessen und die Isotopenkonzentrationen über die vom Schreiber des Massenspektrometers aufgezeichneten Peaks berechnet (Tab. 4).
Als Anwendungsbeispiele wurden Grundwässer unterschiedlicher Genese aus dem Südteil der DDR ausgewählt:

a) geringmineralisierte Grundwässer der Radiumquelle Bad Brambach,
b) mineralisierte Grundwässer aus dem westlichen Teil des Erzgebirgisches Beckens und
c) hochmineralisierte Zechsteinsalinarwässer.

Korrekturverfahren

Zu den Einflußfaktoren, die die Genauigkeit der Altersbestimmungen erhöhen und wichtige Informationen zur Genese der untersuchten Wässer liefern, gehören:

1. die Aussagen zur natürlichen Löslichkeit der Edelgasisotope im Grundwasser,
2. die Ermittlung der Helium- und Argonanteile, die radiogener bzw. atmosphärischer Herkunft sind und
3. Aussagen zur Luftkontamination und zu den Heliumdiffusionsverlusten.

Zur natürlichen Löslichkeit der Edelgasisotope im Grundwasser

Jedes Grundwasser enthält unter natürlichen Bedingungen eine gelöste Menge an Edelgasen. Nimmt man diese natürliche Löslichkeit als Richtwert, so läßt sich feststellen, ob ein Grundwasser hohe oder niedrige Edelgaskonzentrationen aufweist, d. h. an Edelgasen unter-, geoder übersättigt ist. Durch einen Vergleich der theoretisch lösbaren Edelgasmengen mit den gemessenen Konzentrationen lassen sich diese Sättigungsgrade ermitteln (Tab. 5). Die mineralisierten Grundwässer des Erzgebirgischen Beckens sind an Neon und Argon gesättigt und an Helium

Tab. 4. Edelgasisotopenkonzentrationen der untersuchten Wässer ($\cdot 10^{-8}$ cm³ Gas/cm³ Wasser)

Probenort	Proben-Nr.	He^4	Ne^{20}	He^4_{Luft}	Ar^{36}	Ar^{38}	Ar^{40}	Ar^{40}/Ar^{36}	$Ar^{40}_{rad.}$
Erzgebirgisches Becken	1	329	12,0	2,4					
	2	353	12,2	2,4					
	3	—	—	—	90	17	26679	297	133,9
	10	248	9,2	1,8					
	11	292	16,3	3,3					
Zechsteinsalinar	4	563	17,2	3,4					
	5	753	2,5	0,5					
	6	—	—	—	22	4	6646	302	104,1
Bad Brambach	25	6,7	1,4	0,3					
	27	6,5	1,5	0,3					
	30	—	—	—	38	7	10432	273	—
	32	5,2	1,0	0,2					

Tab. 5. Vergleich der theoretisch lösbaren Edelgasmengen mit den gemessenen Edelgaskonzentrationen und den Sättigungsgraden

	Erzgebirgisches Becken			Bad Brambach			Zechsteinsalinar		
	He	Ne	Ar	He	Ne	Ar	He	Ne	Ar
theoretisch lösbare Edelgasmenge ($\cdot 10^{-8}$ cm³ Gas/cm³ Wasser)	4,3	17,4	27324	4,6	20,2	38610	4,6	20,2	38610
gemessene Konzentration ($\cdot 10^{-8}$ cm³ Gas/cm³ Wasser)	353,0	12,2	26786	6,7	1,4	10477	753	2,5	6672
Sättigungsgrad (in %)	8200	70	98	147	7	27	16370	12,4	17,3

übersättigt. Die Neon- und Argonsättigungen deuten an, daß entweder eine enorme infilträre Beeinflussung des Grundwassers mit rezentem Oberflächenwasser vorliegt oder es sich um ein sehr junges Grundwasser handelt. Die Wässer sind mit radiogenem Helium angereichert und enthalten demzufolge auch Anteile an älterem Grundwasser. Die geringmineralisierten Grundwässer von Bad Brambach sind stark an Neon und Argon untersättigt, jedoch an Helium etwas übersättigt. Da diesen Wässern erhebliche Mengen juveniles CO_2 zusitzen, liegt die Vermutung nahe, daß Austauschvorgänge stattgefunden haben und ein Teil der Edelgase in die Gasphase migriert ist. Auf natürliche Fraktionierungsprozesse wiesen in diesem Zusammenhang auch MAZOR & FOURNIER (1973) hin. Die Löslichkeitsverhalten der Edelgase in hochmineralisierten Tiefenwässern ist bisher kaum untersucht worden. Dort werden die Druck- und Temperaturbedingungen, die Mineralisation der Wässer und die Begleitgase von Helium, Neon und Argon stark zu berücksichtigen sein. Im Vergleich zu den He-, Ne- und Ar-Konzentrationen eines Oberflächenwassers sind die Zechsteinsalinarwässer an Helium total übersättigt (Tab. 5). Außerdem geben die niedrigen Konzentrationen des ^{20}Ne und das Luftargon erste Hinweise, welche Edelgasmengen hochmineralisierte Wässer lösen können.

Zur Ermittlung der Helium- und Argonanteile, die atmosphärischer und radiogener Herkunft sind

Bei den bisher verwendeten He-Ar-Datierungen (z. B. TETZLAFF u. a. 1973) werden einfach die gemessenen Edelgasgehalte eingesetzt und angenommen, daß kein radiogenes Argon im Grundwasser enthalten ist ($Ar_{rad} = 0$) und der ursprüngliche, atmosphärische Helium-Anteil vernachlässigt werden kann. Durch die Isotopenuntersuchung kann das radiogene Isotop ^{40}Ar bestimmt und vom Luftargon über das atmosphärische $^{40}Ar/^{36}Ar$-Verhältnis (295,6) exakt abgetrennt werden (Tab. 4).

Demnach beträgt der radiogene ^{40}Ar-Anteil der Wässer des Zechsteinsalinars 2,1% und der Wässer des Erzgebirgischen Beckens 0,5% an der Gesamtargonmenge. Der überwiegende Teil des ^{40}Ar in den Wasserproben ist also tatsächlich atmosphärischer Herkunft.

In den Bad Brambacher Wässern liegt das $^{40}Ar/^{36}Ar$-Verhältnis unter dem atmosphärischen Standardwert. Vermutlich sind die bereits erwähnten Fraktionierungsprozesse zwischen Wasser- und Gasphase dafür verantwortlich.

Bei dem ^4He-Isotop gibt es zwei Möglichkeiten, den atmosphärischen Anteil abzuschätzen:

1. Der Vergleich der theoretisch lösbaren Edelgasmenge eines Oberflächenwassers mit den gemessenen Konzentrationen zeigt, daß nicht mehr als 1% atmosphärisches Helium in der Gesamtheliummenge enthalten sind.
2. Nach der Berechnung des atmosphärischen Heliumanteils mit Hilfe des $^4He/^{20}Ne$-Verhältnisses eines luftgesättigten Oberflächenwassers (nach MAZOR 1972: $^4He_{Luft} = 0{,}2 \cdot {}^{20}Ne$) liegt dieser Anteil ebenfalls unter 1% der Gesamtheliummenge (Tab. 4). Demzufolge kann der atmosphärische Heliumanteil bei den Altersdatierungen vernachlässigt werden.

Heliumdiffusionsverluste und Luftkontamination

Diffusionsverluste treten besonders bei Helium auf, weil der Anteil des radiogen gebildeten Exzeßheliums an der Gesamtheliummenge des Wassers sehr hoch ist. Man kann zwischen natürlichen und künstlichen Diffusionsverlusten unterscheiden. Natürliche Diffusionsverluste werden hervorgerufen durch:

1. den Heliumstrom aus dem Erdinneren,
2. die Fraktionierungsprozesse, die bei der Durchmischung zwischen Grundwasser und juvenilen Gasen auftreten und
3. die Austauschprozesse mit der heutigen Atmosphäre (Luftkontamination), wenn die Grundwässer einer Druckentlastung unterliegen und zu Tage treten.

Künstliche Diffusionsverluste treten bei der Probenahme und längerer Lagerung der Probenahmeflaschen auf. Eine

Luftkontamination führt bei radiogenem Helium zu erheblichen Verlusten. Dagegen nimmt Grundwasser, das an Neon untersättigt ist, bei Luftkontakt Neon aus der Atmosphäre auf (Probe 4, Tab. 4). Als mögliche Korrekturen für Diffusionsverluste sind anzusehen:

— bei Pkt. 1. nach PAWLOW (1970) berechnete Diffusionskoeffizienten für das Paläozoikum, Mesozoikum und Känozoikum;
— bei Pkt. 2. eine getrennte Untersuchung der Gas- und Wasserphase, wie sie MAZOR & FOURNIER (1973) vorschlagen;
— bei Pkt. 3 Auswahl der Wasserproben, die unter Lagerstättenbedingungen ohne Luftkontakt beprobt wurden bzw. Auswahl der Wasserprobe eines Probenahmepunkts, die die höchsten Edelgaskonzentrationen aufweist (Probennr. 2 und 5/Tab. 4). Korrekturen sind bei auftretenden Lagerungsverlusten möglich, indem an einem Probenahmepunkt mehrere Wasserproben zum gleichen Zeitpunkt gewonnen aber zu unterschiedlichen Zeiten analysiert werden. Mit Hilfe von Diffusionskurven lassen sich die Lagerungsverluste berechnen.

3. Altersdatierungen und Schlußfolgerungen zur Genese der untersuchten Grundwässer

Salinarwässer des Zechsteins

Die untersuchten Wässer sind Laugenzuflüsse, die dem Liegenden eines Kaliflözes entstammen. Ein hoher NaCl-Gehalt (> 300 g/l) und ein niedriger KCl-Gehalt (< 5 g/l) deuten an, daß diese Wässer ihre Mineralisation aus dem unteren Werrasteinsalz erhielten. Für die Genese dieser Wässer sind zwei Möglichkeiten denkbar:

1. Es sind Mischwässer aus Infiltrationswässern, die im Zusammenhang mit der jungtertiären Tektonik eindrangen und später hydrodynamisch isoliert wurden.
2. Es handelt sich um Mischwässer aus rezenten und wesentlich älteren Wässern (präsalinare Wässer oder salinare Metamorphose-Wässer). Die ermittelten Modellalter lassen beide Möglichkeiten offen (Tab. 6).

Grundwässer des Erzgebirgischen Beckens

Es wurden bergbauliche Zuflüsse beprobt, die als Kluftwässer aus oberkarbonischen Schichten austreten. Bei den untersuchten Wässern entsprechen die Neon- und Argonisotopenkonzentrationen einem luftgesättigten Oberflächenwasser. Sie weisen damit auf einen beträchtlichen Anteil rezenten Wassers hin (Tab. 4, 5). Die Mineralisation (3,2 g/l) und die überschüssige Heliumkonzentration deuten ältere Wasseranteile an. Die Herkunft dieser salinaren Lösungen, über die verschiedenartige, sich z. T. widersprechende Auffassungen (SCHRÄBER 1968, HOPPE 1972) vorliegen, kann mit den Edelgasisotopen allein nicht geklärt werden. Sie sind auf jeden Fall älter als das gefundene Mischwasseralter (Tab. 6).

Tab. 6. Physikalische Wasseralter der Grundwässer des Werrabeckens und des Erzgebirgischen Beckens

Altersbeziehung → Probenort ↓	$t \cdot 10^6$ a nach Formel (2)	$t \cdot 10^6$ a nach Formel (3)	He-Akkumulationsrate nach PAWLOW (1970) für
Zechsteinsalinar	1,02	1,38	Salzgesteine Paläozoikum
Erzgebirgisches Becken	0,57	0,65	Sandsteine und Tone Paläozoikum

Zur eindeutigen Klärung der Genese der untersuchten Wässer reichen Edelgasisotopenuntersuchungen nicht aus. Dafür sind zusätzliche Untersuchungen mit anderen Isotopen (Tritium, ^{14}C, ^{18}O, Deuterium) und Untersuchungen zum Chemismus der Wässer erforderlich.

Zusammenfassung

Es werden ein Ausblick auf die Anwendbarkeit von Edelgasisotopenuntersuchungen in der Hydrogeologie gegeben, die geochemischen Aspekte der Edelgasverteilung im Grundwasser diskutiert und die Möglichkeit physikalischer Altersbestimmungen auf der Grundlage radiogener Edelgasakkumulationen beschrieben. An ausgewählten Beispielen erfolgt eine Demonstration des methodischen Ablaufs der Isotopenuntersuchung. Aus den gewonnenen isotopenhydrogeologischen Aussagen und den berechneten Modellaltern lassen sich Hinweise über das Bildungsmilieu, die Genese und den Entstehungszeitraum der heute vorliegenden Wässer ableiten.

Резюме

Даются перспективы применяемости изотопного исследования благородных газов в гидрогеологии, обсуждаются геохимические аспекты размещения благородных газов в грунтовой воде и описываются возможность физического определения возраста на основе радиогенной аккумуляции благородных газов. Из выбранных примеров показывается методический ход исследования изотопов. Из полученных изотопно-гидрогеологических высказаний и из вычисленного модельного возраста возможно выводить указания о среде образования, о генезисе и о периоде происхождения сегодня имющихся вод.

Summary

The applicability of rare-gas isotope analyses to hydrogeology is reviewed, discussing geochemical aspects of rare-gas distribution in the ground water and describing the possibility of physical age determinations on the basis of radiogenic rare-gas accumulations. By means of selected examples the methodical sequence of an isotope analysis is demonstrated. From isotope-hydrogeological statements obtained and model ages calculated informations can be derived on the environment, genesis and period of formation of present-day waters.

Literatur

BIERI, R. H.: Dissolved noble gases in marine waters. — Earth planet. Sci. Letters, 10, 3, 329—333, Amsterdam 1971.

BIERI, R. H.; KOIDE, M.: Dissolved noble gases in the East Equatorial and Southeast Pacific. — J. geophys. Res., 77, Washington 1972.

CLARKE, W. B.; KUGLER, G.: Dissolved helium in groundwater: a possible method for uranium and thorium prospecting. — Econ. Geol., 68, 2, 243—251, Lancaster 1973.

GERLING, E. K. u. a.: Argon- und Heliumisotope in gasförmigen Kohlenwasserstoffen. — Geochimija, H. 5, 608—617, Moskau 1967.

HOPPE, W.: Zur Frage der Herkunft des Kochsalzgehaltes der Mineralwässer im ostthüringisch-vogtländischen Schiefergebirge und der angrenzenden Gebiete. Geologie, 21, 2, 133—148, Berlin 1972.

MAZOR, E.: Paleotemperatures and other hydrological parameters deduced from noble gases dissolved in groundwaters; Jordan Rift Valley, Israel. — Geochim. et cosmochim. Acta, 36, 1321—1336, London 1972.

MAZOR, E.; FOURNIER, R.: More on noble gases in Yellowstone National Park hot waters. — Geochim. et cosmochim. Acta, 37, 515—526, London 1973.

MUSITSCHENKO, N. I.; IWANOW, W. W.: Die Heliumaufnahme in oberflächennahen Ablagerungen. — Z. angew. Geol., 19, 2, 81—86, Berlin 1973.

PAWLOW, A. N.: Über die Bestimmung des Alters unterirdischer Wässer mit Hilfe der Helium—Argon-Methode, — Sowj. Geol., 13, 10, 140—148, Moskau 1970.

RÖSLER, H. J.; LANGE, H.: Geochemische Tabellen. — VEB Dt. Verlag Grundstoffindustrie, Leipzig 1965.

SAWTSCHENKO, W. P.: Zur Frage der Geochemie des Heliums. — Sammelbd. Prirodnye gasy-ONTI, 9, Moskau 1936.

SCHRÄBER, D.: Zur Kenntnis der Sole im Zwickau-Oelsnitzer Steinkohlenrevier. — Z. angew. Geol., 14, 8, 431—439, Berlin 1968.

TETZLAFF, U. u. a.: Erfahrungen bei der Anwendung der He—Ar-Methode zur Bestimmung des physikalischen Grundwasseralters und zur Klärung praktischer hydrogeologischer Probleme. — Z. angew. Geol., 19, 3, 142—147, Berlin 1973.

WEISS, R. F.: The solubility of nitrogen, oxygen and argon in water and seawater. — Deep-Sea Res., 17, 4, 721—735, London 1970.

— Solubility of helium and neon in water and seawater. — J. Chem. Eng. Data, 16, 2, 235—241 (1971).

Autorenkollektiv

Radioaktive Elemente in den Gesteinen[1]

Referiert von BEYER, W. Schneeberg

Das Institut für Geologie und Geophysik der Sibirischen Abteilung der Akademie der Wissenschaften der UdSSR führte im Mai 1972 die erste radiogeochemische Allunionstagung über das Thema „Radioaktive Elemente in den Gesteinen", durch, dessen Tagungsberichte Gegenstand des referierten Buches sind. Der vorliegende Sammelband mit ca. 50 Aufsätzen widmet sich besonders dem Verhalten von radioaktiven Elementen in sedimentären, magmatischen, metamorphen und hydrothermalen Prozessen, ferner den Fragen der Geochronologie, der Isotopen- und Wärmebilanz der Erdkruste, der Methodik und den Ergebnissen von radiogeochemischen Kartierungen geologischer Provinzen sowie den Analysenmethoden zur Bestimmung radioaktiver Elemente, wobei der gegenwärtige analytische Stand der Radiogeochemie dargelegt und auf Wege seiner Vervollkommnung hingewiesen wird.

KOMLEW betont, daß das Studium der Radioaktivität in den Gesteinen seit den 30ger bis 40ger Jahren speziell den geochemischen Prozessen der Granitbildung und der damit verbundenen Erzbildung galt. Hochempfindliche analytische Schnellmethoden waren zu dieser Zeit noch nicht vorhanden. Dennoch konnten die regionale geochemische Verbreitung radioaktiver Elemente bei der Granitbildung, die geochemische Spezialisierung von Graniten, die Rolle des Th/U-Verhältnisses als geochemischem Indikator bei der Granitbildung und ähnliche Fragen detailliert studiert werden. In den Nachkriegsjahren erfolgte eine grundlegende Änderung in den wissenschaftlichen Konzeptionen. Die petrologische, geochemische und metallogenetische Rolle der Regionalmetamorphose wurde erkannt. Die Arbeiten von SUDOWIKOW spielten hierbei eine bedeutende Rolle. Neue radiometrische Feld- und Labormethoden, besonders die Gamma-Spektrometrie, erweiterten die geochemischen Untersuchungen von Uran und Thorium. Eines der Ergebnisse der letzten beiden Jahrzehnte besteht in der Erkennung einer radiogeochemischen metamorphen Zonalität der Kruste, die für die weitere Entwicklung der Metallogenie von Bedeutung sein wird. Heute kann eine planetare Umverteilung der radioaktiven Elemente während der Regionalmetamorphose angenommen werden, d. h., insbesondere mit wachsender Metamorphose verringert sich der Gehalt an radioaktiven Elementen in den Gesteinen. Der Autor macht auf die Arbeiten zur Ermittlung von CLARKE-Gehalten aufmerksam, besonders bei den Basiten und Ultrabasiten sowie der Meteoritensubstanz. Große Perspektiven eröffnen in dieser Hinsicht die quantitativen Methoden der Neutronenaktivierung und der radiographischen U-Spurenteilung.

ALTHAUSEN analysiert die gegenwärtigen Vorstellungen über die Verbreitung des Urans in sedimentären Gesteinen, die Art seiner Migration und die Form seines Auftretens, ferner die Rolle der lebenden Substanz sowie einige Probleme der exogenen Erzbildung. Die Untersuchung der epigenetischen Umbildungen von Sedimentiten ist eine der wichtigsten Methoden zur Erkennung der Genese von erhöhten Urankonzentrationen. In der hypergenetischen Zone sind Oxydation, Reduktion, Vergleyung sowie reduzierende Sulfidbildung die bedeutendsten geochemischen Prozesse. Bei oxydierenden Umbildungen wird Uran praktisch nicht konzentriert. In sedimentären Gesteinen hängt die Hauptkonzentration von Uran mit der Sulfidbildung zusammen, wobei unterschiedliche Wechselverhältnisse auftreten können (so fallen z. B. Uranerze und epigenetische Sulfide flächenmäßig zusammen, die Sulfidbildung ist breiter entwickelt. Uran tendiert zu den Grenzflächen zwischen sulfidführenden Gesteinen und Limonitisierungszonen u. a.). Gley-Wässer sind das Milieu der Migration und des Absatzes von Uran.

Der Autor geht auch auf die Unterscheidungsmerkmale von syn- und epigenetischen Bildungen hinsichtlich einer Fazialität oder Afazialität ein, da angenommen wird, daß die in Schwarzschiefern konzentrierten Gehalte von U, Mo, V u. a. Elementen eine Quelle der Bildung epigenetischer (hydrothermaler) Lagerstätten darstellen, besonders wenn sie von Thermalwässern durchsickert werden. Eine epigenetische Veränderung von Sedimenten konnte auch in Modellversuchen gezeigt werden, wobei die hohe Mobilität und leichte Auslaugbarkeit von Uran durch wäßrige Lösungen unter hypergenen Bedingungen bewiesen wurde.

Beim Studium der physikochemischen Bedingungen des Transports, des Absatzes und der Umlagerung von Uran werden oftmals nur die Eigenschaften dieses Elements und teilweise seiner Zerfallprodukte und begleitenden Anionen betrachtet. In den Uranerzen sedimentärer Lagerstätten und solcher unklarer Genese sind jedoch 26 Elemente über dem CLARKE und zusammen mit den hydrothermalen Erzen sogar 40 Elemente fixiert, die in den Untersuchungsprozeß einbezogen werden müssen.

TUGARINOW betont, daß die Konstanz der Th/U-Verhältnisse in verschiedenen Intrusivfazies einen direkten Zusammenhang von Uran und Thorium mit der Schmelze erkennen läßt. Die „Migrationsaktivität" der radioaktiven Elemente nimmt während des magmatischen Prozesses zu. Die Krustendifferentiation begann im frühen Proterozoikum, und die Granite, die in den bereits differenzierten Serien entstanden, widerspiegeln deren stoffliche Zusammensetzung. Heute ist eine U- und Th-Anreicherung in sauren und alkalischen Gesteinen durch die Kristallisationsdifferentiation bewiesen, wobei beide Elemente im ersten Fall in „freier oder mobiler" Form und im zweiten Fall insbesondere in akzessorischer Form auftreten.

BELEWZEW und KOMAROW weisen auf einige Gesetzmäßigkeiten der Uranverbreitung in metamorphen und ultrametamorphen Gesteinen bei der progressiven Metamorphose, Ultrametamorphose, Diaphthorese sowie der hydrothermalen Prozesse hin. Die Autoren zeigen anhand ihrer Untersuchungen im Ukrainischen Schild, daß von der Grünschiefer- bis zur Granulitfazies eine allmähliche Verringerung der Metallgehalte erfolgt. Die Verbreitung von Uran in den Gesteinen hängt dabei vor allem von seinen Primärgehalten und der Form seines Auftretens ab, die auch die Mobilität bei der Regional- und Ultrametamorphose bestimmen. Im ultrametamorphen Stadium ist eine Mobilisation von Uran und Blei aus den Metamorphiten, ihr Austausch und ihre Konzentration in postmetamorphen Hydrothermalbildungen (Albite usw.) möglich. Die bei der Metamorphose und Ultramorphose entstehenden Lösungen wurden in Form von „diaphthoretischen und postgranitisierenden Lösungen" abgetrennt und zusammen mit den Metasomatiten in tiefangelegten Bruchzonen fixiert. Experimentell läßt sich zeigen, daß die Metasomatite in einen Temperaturintervall von 520 bis 250 °C und die Uranerzminerale bei 250 bis 140 °C gebildet werden. Die Erze und Metasomatite treten in Gesteinen der Amphibolitfazies auf, wobei eine teilweise Granitisierung der Gesteine erfolgt.

Ähnliche Erkenntnisse brachten die Untersuchungen von MELGUNOW u. a. im Bergaltei. Sie zeigen, daß bei der progressiven Metamorphose von pelitischen Sedimenten im Übergangsbereich von der Grünschiefer- zur Epidot-Amphibolitfazies ein intensiver Abtransport von Uran auftritt, da in diesen Temperaturintervall die meisten Mineralumwandlungen in den Metapeliten entstehen. Bei der Metamorphose mittlerer und basischer Gesteine sowie von grobklastischen und Intrusivgesteinen, die mit U- und Th-haltigen Akzessorien angereichert sind, erfolgt der Verlust von Uran und Thorium unter den Bedingungen einer höheren Temperatur der progressiven Metamorphose (Amphibolit- und Granulitfazies) bzw. der Anatexis oder intensiven Metasomatose.

Berechnungen im Paläozoikum des Sächsischen Erzgebirges, Mittelasiens und des Präkambriums im Aldanschild (JERMOLAJEW) ergaben gleichzeitig, daß bei der progressiven Metamorphose bis zur Ultrametamorphose ca. 1500 bis 3500 t U aus 1 km³ Gestein herausgelöst werden können. Auch dieser Autor sieht die progressive Metamorphose als eine der möglichen Quellen von Erzsubstanzen in der Erdkruste an. Das Verhalten der radioaktiven Elemente in der progressiven Phase der Kontaktmetamorphose und den unteren Stufen der Regional-

[1]) Verlag „Nedra", 296 Seiten Nowosibirsk 1975.

metamorphose ist identisch und besteht darin, daß den Gesteinen vorwiegend Uran entzogen wird. Allmählich, mit zunehmender Metamorphose, wächst auch die Menge des dem Gestein entzogenen Thoriums. Am Beispiel von Schwarzschiefern, Kieselschiefern und Dolomiten im Kontakthof wird der unterschiedliche Grad der Umverteilung von Uran erläutert.

Von NAUMOW werden die physikochemischen Bedingungen der horizontalen und vertikalen U- und Th-Migration sowie deren Ablagerung bei hydrothermalen Prozessen analysiert. Dabei geht der Autor davon aus, daß ein Studium von postmagmatischen Prozessen nicht nur in einer Analyse von reichen Gangfüllungen bestehen sollte, sondern auch schwache postmagmatische Bildungen in den Betrachtungskreis einbezogen werden müssen. In diesem Zusammenhang wird erwähnt, daß die radioaktiven Elemente, besonders Uran, in den Krustenserien infolge der magmatischen Tätigkeit oder ohne dieselbe merklich migrieren können, auch bei Temperaturen von weniger als 50 °C. Der Hauptanteil hydrothermaler Pechblende wird in einen Temperaturintervall von 250 bis 50 °C (maximal bei 150 °C) gebildet. Paragenesen mit auftretenden hochthermalen Mineralen sind das Ergebnis einer räumlichen Verknüpfung verschiedener Paragenesen auf einzelnen tektonischen Strukturen. In hochtemperierten Paragenesen ist das geochemische Verhalten von Uran und Thorium ähnlich, während dasselbe mit fallender Temperatur unterschiedlich wird. Die vielfach bewiesene Mobilität von Uran kann in einzelnen Fällen sogar als Suchkriterium nicht nur für radioaktive Elemente, sondern auch für Polymetalle, Gold, Phosphorite u. a. verwendet werden, obwohl in der Natur keine stabile Korrelation vorhanden ist.

Die Zusammensetzung der U-transportierenden Lösungen kann unter hochthermalen Bedingungen nur indirekt experimentell begründet werden, während der Stoffbestand von mittel- bis niedrigthermalen Bedingungen zur indirekt experimentell begr ndet werden, während der Stoffbestand von mittel- bis niedrigthermalen U-führenden Lösungen durch die Gas-Flüssigkeitseinschlüsse und thermodynamische Berechnungen der Mineralphasengleichgewichte bei konkreten pt-Bedingungen direkt bestimmt werden kann. Die charakteristischsten Lösungskomponenten sind bekanntlich CO_2, H_2S, Na und K (Azidität nahezu neutral). Uran wird als Dikarbonaturanyl-Komplexion transportiert (in alkalischen Lösungen als Trikarbonaturanyl, in sauren Lösungen als Monokarbonaturanyl).

Eine Kartierung der hydrothermal-metasomatischen Zonalität in regionaler Hinsicht (PILJUSCHEW) gestattet es, die Bewegungsrichtung der Hydrothermallösungen zu verfolgen und die wichtigsten Tendenzen im Verhalten von U und Th in der sich verändernden Lösung zu studieren. Obwohl auf diesem Gebiet erst in den letzten Jahren die Versuche aufgenommen wurden, ist ihre weitere Untersuchung erfolgversprechend. Der Autor beschäftigt sich speziell mit der Kartierung von hydrothermalmetasomatischen Umbildungen in alumosilikatischen Gesteinen von Kasachstan und hält dabei drei Reihen von metasomatischen Formationen aus, und zwar eine Argillisitformation (K-Feldspatite → Chlorit-Albitite → Albit-Chlorit → Propylite → Hydroglimmer-Beresite → Argillisit), eine Formation sekundärer Quarzite (Chlorit-Propylite → Serizit-Beresite → sekundäre Quarzite) und eine Greisenformation (Biotit-K-Feldspatite → Riebeckit-Albitite → Amphibol-Pyroxen-Propylite → Greisen). Eine fazielle Analyse dieser Metasomatite widerspiegelt die räumliche Verschiebung der Hydrothermallösungen von der K- zur Na-Metasomatose, Fe—Mg—Ca-Metasomatose und schließlich zur sauren Auslaugung. Nach heutigen Erkenntnissen verkörpern die erwähnten metasomatischen Formationen folgende Teufen- und Temperaturintervalle: Greisen: 3 bis 4 km, 300 bis 350 °C, sekundäre Quarzite: 1,5 bis 2 km, 250 bis 200 °C und Argillisite: 0,5 bis 1,5 km, 200 °C. Im Gebiet der Alkali-Metasomatose entstehen schwache lokale U- und Th-Konzentrationen (auch von F), wobei die Karbonate und Sulfide von untergeordneter Bedeutung sind. Ein eigentlicher U-Absatz unter Abtrennung einer fluiden CO_2-Phase entsteht in der Fazies der sauren Auslaugung bei veränderten physikochemischen Bedingungen (begrenzte Migrationsfähigkeit von Uran, Veränderung der Bindungsform von U und Th).

Die radioaktiven Elemente können auch bei der Klärung von genetischen Fragen polymetallischer Lagerstätten eine Verwendung finden (TYTSCHINSKIJ u. a.). Die Autoren haben durch Vergleich des anomalen Erzbleis der Pb—Zn-Erze mit den radioaktiven Elementen der liegenden Serien (vulkanogen-sedimentäre Gesteine, Granitoide usw.) nachgewiesen, daß die „primär-sedimentären“, „syngenetischen“ oder „hydrothermal-metasomatischen“ Bleiglanz-Zinkblende-Fluorit-Erze in oberproterozoischen Karbonatserien genetisch an die vulkanogen-sedimentären und sedimentär-terrigenen Serien des Präkambriums gebunden sind. Die Erze haben eine polygene sedimentär-hydrothermale und regenerierte Bildung durchgemacht.

In einer interessanten Arbeit von USPENSKIJ und PENKOW wird die enge Assoziation von primären U-Mineralen mit festen Bitumina in verschiedenen geologischen Bildungen untersucht. In den organischen Stoffen sind die höchsten U-Gehalte in den festen Bitumina (Kerite, Anthraxolithe) anzutreffen. U-führende Bitumina werden vorwiegend im tonigen Zement der Sandsteine konzentriert. In hydrothermalen Ganglagerstätten können Uranminerale und feste Bitumina unter ähnlichen quantitativen Verhältnissen auftreten, wobei die Pechblende meist älter als die Bitumina ist. Mitunter wird Pechblende von festen Bitumina verdrängt, wobei als Zwischenprodukt Coffinit entsteht. Diese sogenannte „Bitumenmentasomatose“ kann zur Zerstörung der eigentlichen Uranerze führen. Im Kerit ist Uran z. B. in Form kleinster kugelartiger Pechblendeneinschlüsse und seltener in Trümchen vorhanden (1 mm³ feste Bitumina enthalten ca. 10 submikroskopische Abscheidungen von Pechblende). Es treten mehrere Formen der Bindung von Uran mit festen Bitumina auf. Die U-führenden Bitumina besitzen charakteristische chemische und mineralogische Eigenschaften. Mit zunehmenden U-Gehalten der Bitumina verändert sich die Zusammensetzung letzterer infolge Polymerisation und Oxydation. Die Autoren weisen auch auf die prinzipielle Möglichkeit der Entstehung von unlöslichen festen Bitumina aus beliebigen erdölartigen Bitumina durch Einwirkung von α-Strahlen hin. In den festen Bitumina können außerdem noch folgende Elemente konzentriert sein: Mo, V, Cr, Hg, Se, Pb, As, Cu, Ni, seltene Erden u. a. Die Konzentration dieser Elemente hängt von den geochemischen Bildungsbedingungen der Lagerstätte ab.

In den letzten Jahren stellten SMYSLOW und TITOW eine Reihe von radiogeochemischen Karten unterschiedlichen Maßstabs zusammen und bearbeiteten die Grundzüge einer radiogeochemischen Rayonierung. Anhand dieser Karten ist das Studium der räumlichen Verbreitung und Migration von Uran und Thorium in der Erdkruste, eine geochemische Rayonierung mit Abtrennung von verschiedenartigen geochemischen Anomalien und Zonen für die metallogenetische Rayonierung, die Gliederung und Korrelation sedimentärer, metamorpher und magmatischer Gesteine sowie ein Studium der krustalen Energetik mit Hilfe von radiogenen Wärmequellen möglich.

Ausgangspunkt der radiogeochemischen Karten ist der geochemische Untergrund von Uran und Thorium in den Gesteinen und erzbildenden Prozessen als Teilfall einer gerichteten Elementmigation, die bei günstigen Bedingungen zur Konzentration führt. Dabei müssen syn- und epigenetische Prozesse voneinander scharf getrennt werden. Die syngenetischen und „vorbereitenden“ epigenetischen Prozesse (Regional-, Ultra- und Kontaktmetamorphose) spielen bei der Schaffung von günstigen und geochemischen Milieus für epigenetische Erzprozesse der hydrothermalen Metamorphose und Infiltration eine außerordentliche Rolle, da hierbei der höchste Grad einer U- und Th-Konzentration auftritt. Nach dem Grad der geochemischen Differenziertheit werden von den Autoren drei Gruppen radiogeochemischer Provinzen unterschieden.

Schwachdifferenzierte geochemische Provinzen enthalten geologische Formationen mit gleichartigen U- und Th-Gehalten (CLARKE-Gehalte oder darunter, z. B. Eugeosynklinalen in Kamtschatka, im Ural usw.). Differenzierte geochemische Provinzen umfassen geologische Formationsgruppen in allen Strukturtypen mit einer U- und Th-Anreicherung infolge bestimmter endogener und exogener Prozesse. In hochdifferenzierten geochemischen Provinzen treten die höchsten und dabei am ungleichartigsten verbreiteten U- und Th-Gehalte auf, so beispielsweise durch Überlagerung von syn- und epigenetischen Prozessen. Hierzu rechnen Gebiete der tektonisch-magmatischen Aktivierung, Epochen der Granitisierung sowie Gebiete einer endogenen Differenzierung mit syngenetisch U-führenden kohlenstoffhaltigen Formationen.

Als wichtigste mineralogisch-geochemische Merkmale von hochdifferenzierten geochemischen Provinzen werden folgende genannt: Auftreten von erhöhten und anomalen U- und Th-Konzentrationen in den Gesteinen; scharfe Zunahme des Grads der Ungleichartigkeit in der U- und Th-Verbreitung (Variationskoeffizient der Elemente bis 40—80%); starke

Schwankung der Th/U-Verhältnisse (< 0,5 bis > 10); Vorhandensein von Aureolen mit erhöhten Gehalten der Begleitelemente von Uran und Thorium (in Abhängigkeit von den epigenetischen Veränderungen und dem wechselhaften Vererzungstyp; breite Entwicklung von hydrothermal-metasomatisch veränderten Gesteinen (Zerstörung des Normalfelds der Elementgehalte und der Verhältnisse zwischen den petrogenen Elementen, besonders der Alkalien).

Im Abschnitt „Analysenmethoden" wird u. a. von JUFA u. a. auf die stärkere Beachtung und Verfeinerung der Meßgenauigkeit von kleinen Elementgehalten aufmerksam gemacht, denn die Gesteinskonzentrationen von Uran und Thorium liegen oftmals an den Empfindlichkeitsgrenzen der analytischen Verfahren, und die erzielten Ergebnisse verlieren dann vielfach ihren quantitativen Charakter. Die Interpretation derartiger Ergebnisse führt zu systematischen Schätzfehlern bei der geochemischen Dispersion und dem Korrelationskoeffizienten. Obwohl durch Erhöhung der Analysenanzahl die Fehler der Mittelwerte verringert werden können, ist es doch effektiver, die Meßgenauigkeit der Verfahren zu verbessern. Die Autoren sind der Meinung, daß bei geochemischen Untersuchungen solche Analysenmethoden angewendet werden sollten, bei denen die Empfindlichkeitsgrenze dreimal niedriger als der mittlere geochemische Untergrund der untersuchten Gesteine ist.

Die weitere Verbesserung der Empfindlichkeitsgrenzen ist bei den analytischen Massenmethoden für Uran (bis 10^{-7}%) und für Thorium (bis 10^{-5}%) unbedingt erforderlich. Die heute empfindlichsten Verfahren sind die Neutronen-Aktivierung (Empfindlichkeit: $1 \cdot 10^{-8}$% für U, $1 \cdot 10^{-7}$% für Th) und die Isotopenverdünnung (Empfindlichkeit: $n \cdot 10^{-7}$%), die aber noch keine Massenbasis besitzen. Bei geochemischen Untersuchungen ist auch die Verwendung von Zerfallsprodukten der U—Ra-Reihe noch ungenügend entwickelt.

In weiteren Aufsätzen werden die heutigen Analysenverfahren, ihre Vor- und Nachteile und Perspektiven behandelt, wobei besonders die verschiedenen Varianten der Lumineszenzanalyse, die photometrische Methode (mit organischen Reagenzien), Isotopenverdünnung, Photometrie, Radiometrie, Spektralanalyse, Massenspektrometrie, Radioaktivierung (Empfindlichkeit: 10^{-12} g für U), Emissionsspektralanalyse u. a. Verfahren im Vordergrund stehen (NEMODRUK u. a.). Die Röntgenfluoreszenzanalyse wurde so erweitert, daß heute As, S, Rb, Sr, Y, Zr, Nb, Mo, Pb, Th und U analysiert werden können (Empfindlichkeit soll bis auf 0,0001% gesenkt werden). Erfolgreich hat sich auch die Gammaspektrometrie entwickelt, aber das Fehlen allgemeiner Standards für verschiedene Gesteine erschwert einen Vergleich der Empfindlichkeit ($n \cdot 10^{-5}$ für U und Th) verschiedener gammaspektrometrischer Anlagen und Ergebnisse.

Den im Beitrag genannten Autoren sind folgende Titel zugeordnet:

ALTHAUSEN, M. N.: Uran in sedimentären Gesteinen
BELEWZEW, J. N.; KOMAROW, A. N.: Uran in metamorphen Gesteinen und Prozessen
JERMOLAJEW, N. P.: Physiokochemische Gesetzmäßigkeiten bei der Umverteilung von radioaktiven Elementen während der progressiven Metamorphose
JUFA, B. I. a. u.: Forderungen der Geochemie an der Meßgenauigkeit der Analysenverfahren und die Möglichkeiten dieser Methoden zur geochemischen Untersuchung radioaktiver Elemente
KOMLEW, L. W.: Hauptetappen der Entwicklung der Geochemie radioaktiver Elemente
MELGUNOW, S. W. u. a.: Uran und Thorium bei der Bildung zonaler metamorpher Komplexe
NAUMOW, G. B.: Verhalten radioaktiver Elemente bei hydrothermalen Prozessen
NEMODRUK, A. A. u. a.: Gegenwärtige Methoden der Bestimmung von geringen U- und Th-Gehalten in Gesteinen und Mineralen sowie ihre Perspektiven
PLJUSCHEW, W. E.: Uran und Thorium bei der hydrothermalen Gesteinsmetamorphose
SMYSLOW, A. A.; TITOW, W. K.: Prinzipien der radiogeochemischen Rayonierung von Falten- und Plattenformgebieten der Erdkruste
TUGARINOW, A. I.: Uran im magmatischen Prozeß
TYTSCHINSKIJ, L. D. u. a.: Die Rolle von Uran und Thorium bei der Evolution des Erzbleis im Zusammenhang mit der Genese von Lagerstätten des Pb-Zn-Gürtels von NW-Pribaikal

Die Entwicklung der Uranerzproduktion in Australien

KRÜGER, P., Berlin

1. Einleitung

Australien hat in den letzten Jahren durch verstärkte geologische Such- und Erkundungsarbeiten einen bedeutenden Aufschwung beim Nachweis und Aufschluß von Uranlagerstätten genommen. So waren allein im Jahre 1972 mehr als 80 Gesellschaften mit Prospektionsarbeiten auf Uran in verschiedenen Gebieten Australiens beschäftigt. Die stärksten Aktivitäten wurden im Nord-Territorium auf der Halbinsel Arnhem-Land, beobachtet. Hier wurden einige Lagerstätten und eine Vielzahl perspektiver Anomalien entdeckt.

Im folgenden sollen einige der bedeutendsten, in jüngster Zeit erst entdeckten Lagerstätten kurz beschrieben und die Entwicklung der Uranproduktion Australiens anhand jüngster Meldungen aufgezeigt werden.

2. Australiens Uranvorräte und seine Stellung unter den kapitalistischen Ländern

Wie der Minister für nationale Ressourcen und Außenhandel Australiens kürzlich erklärte, entfallen auf Australien 25% der Vorräte an Uranerz der entwickelten kapitalistischen und Entwicklungsländer. 1973 wurden die sicheren Vorräte Australiens an Uranerz noch mit 129500 t U_3O_8 der Kategorie 10 Dollar Gewinnungskosten je Tonne Erz bei Gehalten von 0,1 bis 0,2% U_3O_8 angegeben (nach Mineralnye resursy ... 1974), was bei einer Gesamtmenge von 1080,6 Tausend t U_3O_8 in der westlichen Welt einem Anteil von 12% entsprach.

Ende 1975 waren die Vorräte auf 184000 t Uranerz der Kategorie 10 Dollar/t, 105000 t Uranerz der Kategorie 10 bis 15 Dollar/t und 3,5 Mill. t Uranerz der Kategorie Gewinnungskosten über 30 Dollar/t angewachsen (BIKI 148/75). Steigenden Vorratszahlen und steigender Uranproduktion im Weltmaßstab standen in Australien eine nur geringfügige Produktion und schließlich die Einstellung der Produktion gegenüber.

	1970	1971	1972
Welt (in t U_3O_8)	21.360	22.430	23.130
Australien (in t U_3O_8)	300	—	—

(nach „Mineralnye resursy ... 1974")

Gegenwärtig produziert in Australien nur eine Firma Urankonzentrat. Ende 1976 sollen 750 t U_3O_8 zum Verkauf kommen (BIKI Nr. 31 + 44/76). Die derzeitige Wirtschaftspolitik der australischen Regierung ist auf die weitere Verringerung des staatlichen Anteils in der urangewinnenden Industrie und gleichzeitig auf die Erhöhung des privaten Anteils gerichtet. Es wird erwartet, daß sich durch diese Maßnahmen am Ende des laufenden Jahrzehnts in Australien eine Reihe neuer, großer Uranproduzenten herausgebildet haben wird, wodurch der Verbleib Australiens im Spitzenfeld der gegenwärtigen Urankonzentrat-Produzenten der kapitalistischen Länder (USA, Kanada, Südafrikanische Republik) gesichert werden soll (BIKI 44/76).

3. Uranlagerstätten im Staat Nord-Territorium

Über 70% aller australischen Uran-Lagerstätten befinden sich im Nord-Territorium. Hier sind in einem ca. 100 km langen, SSE—NNW-streichenden Vererzungsgürtel vier große Uranlagerstätten nachgewiesen: Nabarlek, Ranger, Kungurra (früher Jim-Jim) und als jüngste Jabilooka. Alle diese Lagerstätten werden durch Schwächezonen mit generellem NW—SE-Streichen kontrolliert. Sie sind dem Umlagerungs-Uranschwärze-

Typ zuzurechnen. Die Uranvererzung wird von großen Mengen Eisensulfid begleitet. Die absolute Altersbestimmung des Uranerzes ergab zwei Mineralisierungsstadien. 1. Stadium: 850 Mill. Jahre, führte zur Ausbildung der primären Vererzung; 2. Stadium: 450 bis 500 Mill. Jahre, Umlagerung der Uranschwärze und Konzentration des Urans in großen Erzlagern.

Lagerstätte Nabarlek

Die Lagerstätte Nabarlek zeichnet sich durch hohe Urangehalte (bis zu 19%) aus. Die mittleren Gehalte wurden mit 1,58% U_3O_8 angegeben, die Vorräte mit 9500 t U_3O_8.

Lagerstätte Kungurra

Die Lagerstätte Kungurra (früher Jim-Jim) wird gegenwärtig weiter erkundet. In einer Teufe von 107 m wurde eine Erzzone entdeckt, die sich bis 670 m Teufe erstreckt. Die Breite dieser Zone beträgt 30 bis 70 m. Die Vorräte werden mit 30000 t U_3O_8 beziffert. Der U_3O_8-Gehalt im Erz soll 1,2% betragen.

Ranger-Lagerstätte

Die Ranger-Lagerstätte ist nach Ausmaß und Erzinhalt die zweitgrößte Uranlagerstätte Australiens. Der U_3O_8-Gehalt des Erzes schwankt von 0,21 bis 0,34%. Die Vorräte wurden mit 110000 short tons berechnet (QER 4/74).

Lagerstätte Jabilooka

Wie die Untersuchungen ergaben, ist Jabilooka die größte australische Uranlagerstätte. Die Vererzung reicht von der Erdoberfläche bis in eine Teufe von 105 m. Die Lagerstätte ist mit einem Bohrnetz von 30 × 30 m abgebohrt. Die Lagerstättengrenze ist nach einem Grenzgehalt von 0,05% U_3O_8 festgelegt worden. Jabilooka wurde in den letzten Jahren soweit erkundet, daß jetzt eine Berechnung der geologischen Vorräte erfolgen konnte. Die sicheren Vorräte betragen danach (bei einem Gehalt von 3,5 kg U_3O_8 je metr. t Erz) 172000 t U_3O_8, die wahrscheinlichen Vorräte 35000 t. Damit haben sich die berechneten Vorräte seit der letzten Einschätzung Ende 1975 mehr als verdoppelt. Der Gesamtwert des vorhandenen Uranrohstoffs wird auf ca. 11,8 Mrd. $ geschätzt. Experten sind der Meinung, daß Jabilooka eine der größten Uranlagerstätten der westlichen Welt ist.
Abbau und Erzeugung von Uran-Konzentrat werden in den Händen eines eigens für diese Lagerstätte geschaffenen Konsortiums liegen; es werden gegenwärtig im großen Maßstab Forschungsarbeiten durchgeführt, obwohl die australische Regierung noch keine Genehmigung zur Aufnahme der Abbauarbeiten erteilt hat. Bei einem positiven Entscheid der australischen Regierung kann die zu errichtende Grube ab 1979 in Produktion gehen.
Im Staat Nord-Territorium wird (nach BIKI 51/1976) für den Zeitraum 1980 bis 1985 mit folgender Jahresproduktion von Urankonzentration in Tonen U_3O_8 gerechnet:

Lagerstätte	Produktion
Jabilooka	3000 t
Ranger	3000 t
Kungurra	2000 t
Nabarlek	1000 t

4. Uranlagerstätten im Staat Queensland

In Queensland, im Mount-Isa-Erzbezirk, liegt die einzige gegenwärtig produzierende Uran-Grube „Mary-Catleen". Zu ihr gehören die Uranlagerstätten in der Nähe von Mount Isa. Im Verlauf der geologischen Erkundungsarbeiten, die 1956 begannen und sich über einen Zeitraum von sieben Jahren hinzogen, wurden 1963 insgesamt 4500 t U_3O_8-Konzentrat gewonnen.
In Zusammenhang mit der Belebung der Nachfrage nach Uran auf dem Weltmarkt wurde 1974 beschlossen, die Mount-Isa-Lagerstätte wieder aufzuwältigen und die Gewinnung von Urankonzentrat fortzusetzen. Wie die geologischen Vorratsberechnungen ergaben, enthält die Lagerstätte Mount Isa 5,5 Mill. t Uranerz mit einem Gehalt von 0,12% U_3O_8. Der Erzkörper wird im Tagebau abgebaut. Die projektierte Kapazität der Grube beträgt 760 t U_3O_8 pro Jahr. Die Vorräte der Lagerstätte sichern bei gleichbleibender Produktionskapazität eine Lebensdauer der Grube von 8 bis 10 Jahren.
Nach neuen Informationen wurden Sucharbeiten auf einer Lagerstätte im Bezirk Morin fündig. Diese Lagerstätte befindet sich ca. 400 km westlich der Stadt Cairns in Queensland.
Die in diesem Gebiet durchgeführten Bohrungen ergaben sichere Vorräte an Uranerz; Mittlere Gehalte (0,18% U_3O_8) von 1,2 Mill. t, was umgerechnet einen Vorrat von 2200 t U_3O_8 bedeutet. Die möglichen Vorräte werden mit 1,4 Mill. t Erz bei 0,13% U_3O_8 angegeben, das sind 1800 t U_3O_8-Konzentrat. Allerdings sind weitere Untersuchungen notwendig, um die Lagerstätte aufzuschließen und abzubauen (BIKI 39/76).
Eine weitere Lagerstätte in Queensland befindet sich im Bezirk Westmoreland. Die Such- und Erkundungsarbeiten werden fortgesetzt. Erste Schätzungen ergaben Vorräte von 12700 t U_3O_8.

5. Uranlagerstätten im Staat Südaustralien

In Südaustralien sind Uranlagerstätten aus dem Gebiet Mount-Pinter — From-Lake bekannt. Letztere liegen in der Nähe der Kupfergruben von Parabarana. Die U_3O_8-Vorräte werden auf 11300 bis 15600 t geschätzt.

6. Uranlagerstätten im Staat Westaustralien

Westlich der großen Sandwüste wurden Uranvererzungen in Kalzikriten festgestellt, die tertiäre Erosionssenken ausfüllen. Die Uranlagerstätten im Bezirk Yilirri (680 km nordöstlich von Perth), die eine Fläche von 45 × 3,2 km einnehmen, stellen horizontal liegende Schichten bis 7,6 m Mächtigkeit dar. Die Kalzikrite enthalten 46000 t U_3O_8 mit einem mittleren Gehalt von 0,15% U_3O_8. Darunter sind 24000 t Erz mit einem mittleren U_3O_8-Gehalt von 0,36%. Eine Aufbereitungsfabrik und die neue Stadt Yilirri, 100 km südwestlich der Stadt Willuny, sind im Bau. Man erwartet einen Jahresausstoß von ca. 1600 t U_3O_8-Konzentrat.

Zusammenfassung

Die neuentdeckten und in den letzten Jahren systematisch erkundeten Uranlagerstätten Jabilooka, Ranger, Nabarlek und Kungurra (Nord-Territorium), Mary-Catleen (Mount Isa), Morin und West-Moreland (Queensland), From-Lake (Südaustralien) und Yilirri (Westaustralien) haben Australien in die Spitzengruppe der kapitalistischen Uranproduzenten aufrücken lassen. Die Vorräte an Uranerz betrugen Ende 1975 184000 t Erz der Kategorie 10 $/t, 105000 t Erz der Kategorie 10 bis 15 $/t und 3,5 Mill. t Erz der Kategorie 30 $/t. Mit einem weiteren Anwachsen der Uranvorräte und der Urankonzentratproduktion ist in den nächsten Jahren zu rechnen.

Резюме

Новооткрытие и в последных годах систематически разведанные урановые месторождения Чебилука, Рэнчер, Нейберлек, и Конгюрра (Северная территория), Мари-Кэтлин (Маунт-Айза), Морин и Вест-Морленд (Квинслед), оз. фром (Южняя Австралия) и Йилирри (Западная Австралия) поставили Австралию в найвысшую группу капталистических урановых производителей. Запасы урановых руд составили в конце 1974 г. 184000 т руд категории 10 $/т, 105000 т руд категории от 10 до 15 $/т и 3,5 милл. т руд категории 30 $/т. Нужно ожидать дальнейшее возрастание урановых запасов и производства уранового концентрата в будующих годах.

Summary

As a result of uranium deposits newly discovered and systematically explored in recent years, such as Jabiluka, Ranger, Nabarlek and Kungurra (Northern Territory), Mary-Catleen (Mount Isa), Moinn and West Moreland (Queensland) From Lake (South Australia), and Yilirri (Western Australia), Australia has joined the leading group of capitalistic producers of uranium. At the end of 1975, uranium ore resources of the 10 $/t category were 184,000 tons, of the 10 to 15 $/t categories 105,000 tons, and of the 30 $/t category 3.5 million tons. A further increase of uranium resources and of the production of uranium concentrate in the years to come is to be expected

Literatur (verwendete Abkürzungen)

BIKI = Bulleten inostrannoj kommertscheskoj informazii (Moskwa), Nr. 148/1975, 39/1976, 44/1976, 51/1976

Engineering and Mining Journal, New York (Januar) 1976.

Metal Bulletin, 9. März 1976.

Mineral'nye resursy promyslenno razvitych kapitalisticeskich razvivajuscichsja stran, Moskva 1974 (Red.: W. W. POLUJEKTOWA), S. 97–98

Mining Journal, London (12. März) 1976.

Mining Magazine, London, Januar und März 1976.

QER = Quarterly Economic Review (The Economist Intelligence Unit, Ltd.), Nr. 4, London 1974.

POLUJEKTOWA, W. W. (Red.) Mineralnye resursy (Mineralressourcen des industriellen Wachstums der kapitalistischen Entwicklungsländer). – S. 97–98, Moskau 1974.

Buchbesprechungen

IWANOW, A. M

Komplexe Untersuchung von Karbonatgesteinen als Speichergesteine für Erdöl und Erdgas

Moskau: Verlag „Nedra" 1976 294 S., 34 Tab., 222 Abb., 294 Lit., Rbl. 2,08

Dieses Buch beschäftigt sich mit Problemen der Erkundung und des Abbaues von Kohlenwasserstofflagerstätten in Karbonatgesteinen sowie mit theoretischen Fragen der Erdölgeologie. Von den auf der Erde entdeckten mehr als 16000 Kohlenwasserstofflagerstätten sind mehr als ein Drittel an karbonatische Speichergesteine gebunden, in den Ländern des Nahen und Mittleren Ostens sogar ca. 67%.
In der Sowjetunion wurde in den letzten Jahren den Untersuchungen von Gesetzmäßigkeiten in der Verteilung von Kohlenwasserstofflagerstätten in Karbonatgesteinen verstärkte Aufmerksamkeit gewidmet. Auf der Grundlage einer komplexen Untersuchung karbonatischer Gesteine des Devons und Unterkarbons im Gebiet der Mittleren Wolga beschrieb Verf. die mineralogische und chemische Zusammensetzung und die Speichereigenschaften der Karbonatgesteine, die postsedimentären Prozesse und ihren Einfluß auf Struktur und Textur dieser Speichergesteine. Die physikalischen Parameter Porosität und Permeabilität der Karbonatgesteine und bohrlochgeophysikalische Ergebnisse dienten dem Autor als Grundlage für die Anfertigung von Karten über die zonale Verbreitung der Speichergesteine und der sie abdeckenden Schichten in verschiedenen stratigraphischen Bereichen des Untersuchungsgebiets. Eine Klassifikation der abdeckenden Schichten von Erdöl- und Erdgaslagerstätten wird vorgeschlagen.
Verf. vertritt die Ansicht, daß Fragen der Kohlenwasserstofführung karbonatischer Gesteine eines beliebigen Territoriums in Zukunft nur im Ergebnis einer komplexen Untersuchung mit geochemischen, physikalischen und geophysikalischen Methoden lösbar sind.
Die Monographie, die auf umfangreichem Quellenstudium aufbaut, kann von Erdölgeologen, Geochemikern und Geophysikern, die sich mit Karbonatgesteinen befassen, genutzt werden.

B.-A. DIERL

ABASOW, M. T., KULIEW, A. M.

Methoden hydrogasdynamischer Berechnungen des Abbaus mehrschichtiger Erdöl- und Erdgaslagerstätten (russ.)

Baku Verlag Elm 1976. 204 S., 59 Abb., 26 Tab., 296 Lit., Rbl. 1,56

Das Buch enthält eine zusammenfassende Darstellung von Ergebnissen der durch die Autoren ausgeführten analytischen und experimentellen Arbeiten auf dem Gebiet des Abbaus mehrschichtiger Erdöl- und Erdgaslagerstätten sowie verbesserte Berechnungsmethoden zur Bestimmung von Abbaukennziffern bei verschiedenen Energieverhältnissen. Die vorgeschlagenen Lösungen ermöglichen die Realisierung verschiedener Prinzipien der Abbauregulierung von Erdöl- und Erdgaslagerstätten und tragen so zur Erhöhung des Abgabekoeffizienten einzelner Schichtpakete sowie von Lagerstätten im ganzen bei. Erstmalig werden Näherungsverfahren hydrogasdynamischer Berechnungen für die Feststellung von Bedingungen der regulierten Drainage und von Abbaukennziffern einzelner in Wechselwirkung stehender Erdöl- und Erdgasschichten vorgestellt. Von besonderem Intresse sind Berechnungsverfahren für den Abbauprozeß mehrschichtiger Lagerstätten mit Regulierung des Verwässerungsprozesses einzelner Schichten bei elastischem Randwassertrieb. Die Formeln zur Berechnung des in die Lagerstätte eindringenden Randwassers zeichnen sich durch Einfachheit aus. Hervorzuheben ist die detaillierte Auswertung des sowjetischen Schrifttums zur Mehrschichtproblematik, wenngleich durch Berücksichtigung der amerikanischen Fachliteratur weitere interessante Aspekte hätten beigefügt werden können.

A. GEBAUER

WATZNAUER, A. (Hrsg.)

FRANZ-KOSSMAT-Symposion
Beiträge zur Kenntnis der europäischen Varisziden

Halle: Nova Acta Leopoldina 1976. Neue Folge, Nr. 224, Bd. 45, 504 S., 130 Abb., 4 Taf.

Die Erforschung des europäischen Variszikums ist eng mit dem Namen FRANZ KOSSMAT verbunden. Seine bahnbrechenden Arbeiten insbesondere zur Zonengliederung der Varisziden haben an Aktualität nichts eingebüßt. Im Gegenteil, was KOSSMAT zu seiner Zeit nur aus der regionalen Kompilation heraus interpretieren konnte, wird heute durch neue Forschungsergebnisse großteils exakt bewiesen. Trotzdem sind noch nicht alle Probleme gelöst, auch wurden durch vertiefte wissenschaftliche Analysen neue Fragen aufgeworfen. Das von der Deutschen Akademie der Naturforscher Leopoldina im Jahre 1974 in Karl-Marx-Stadt durchgeführte FRANZ-KOSSMAT-Symposion machte die Breite des Spektrums der Gesamtthematik deutlich.
An dem auf hohem wissenschaftlichen Niveau stehenden und durch rege Diskussionstätigkeit gekennzeichneten Symposion nahmen Tektoniker, Stratigraphen, Petrographen, Geochemiker und Geophysiker aus vierzehn europäischen Ländern teil. Entsprechend umfassend, sowohl in regionaler als auch in thematischer Hinsicht, war das gesamte Vortragsprogramm angelegt. Den Hauptanteil besaßen dabei — dem Anliegen des Symposions gemäß — tektonisch orientierte Themen. Neben allgemeinen Übersichten (Rhenoherzynikum/Saxothuringikum; Böhmisches Massiv; Ost-, Zentral- und Westalpen; West- und Ostkarpaten, Pannonisches Becken, Brabanter, Amorikanisches und Iberisches Massiv) wurden Detailbeschreibungen gegeben bzw. Spezialprobleme behandelt. Randlich wurden darüber hinaus stratigraphisch-paläogeographische Fragen sowie verallgemeinernde Themen erörtert.
Auf Grund der Fülle des Stoffs und der gebotenen Kürze des Referats ist es nicht möglich, alle Beiträge zu nennen, geschweige denn, im einzelnen auf sie einzugehen. Aus der hier fragmentarisch gegebenen Aufzählung sollte jedoch die thematische Vielgestaltigkeit und regionale Komplexität des Inhalts bereits sichtbar werden. Für die Qualität des Leopoldina-Symposion-Bandes bürgen international bekannte Autoren.

D. FRANKE

MATTSON, P. H. (Hrsg.)

West Indies Islands Arcs

Chichester John Wiley & Sons Ltd. 1977. Benchmark Papers in Geology, **33**, 382 S., zahlr. Abb., £ 25,–

Das Buch beinhaltet eine systematisch geordnete Auswahl von 20 vollständigen und 16 gekürzten Originalarbeiten zur Geologie und Tektonik des Karibischen Raums und seiner Um-

gebung, die zwischen 1938 und 1972 erschienen sind. Damit wird eine solide Grundlage für das Studium der Geologie einer der interessantesten Regionen der Erdoberfläche geboten, zugleich mit einer Übersicht zur Entwicklung des Kenntniszuwachses in den Jahren bis 1972.
In einigen Beiträgen aus den Zeiträumen 1968 bis 1972 wird versucht, eine Synthese der Detailkenntnisse in verschiedenen Evolutionsmodellen darzulegen, die vom Herausgeber zu einem Gesamtmodell der tektonischen Entwicklung zusammengefaßt werden.
Im Einzelnen werden behandelt:

Allgemeines (2 Beiträge); Kuba (8 Beiträge); Hispaniola/Haiti (3 Beiträge); Puerto Rico (6 Beiträge); Jungfern Inseln (2 Beiträge); Jamaika und südliche Antillen (3 Beiträge); Trinidad und Kleine Antillen (3 Beiträge); Karibik-Becken und -Tröge (4 Beiträge); Synthese (5 Beiträge); Tektonisches Modell der Karibik (zusammenfassender Beitrag des Herausgebers).
Das Buch ist durch zahlreiche Abbildungen und Karten illustriert. Im Anhang werden Übersichten zu geologischen und bathymetrischen Kartenwerken sowie zu den Caribbean Geological Conferences vermittelt. Die Arbeit mit dem Buch wird erleichtert durch ein Autoren- und Sachregister.

P. Kühn

Autorenkollektiv (Red. Woronin, Ju. A.)

Anwendung mathematischer Methoden und der EDV bei der Suche mineralischer Rohstoffe (Sammelband wissenschaftlicher Arbeiten)

Nowosibirsk: 1976. 157 S., Abb., Tab., Lit., 74 Kap.

Unter der Leitung von Ju. A. Woronin werden in diesem interessanten Sammelband ausgewählte Arbeiten von Mitarbeitern einer Arbeitsgruppe des Rechenzentrums der Sibirischen Abteilung der AdW der UdSSR vorgestellt, die sich mit theoretischen Problemen der Anwendung mathematischer Methoden und der EDV bei der Suche mineralischer Rohstoffe befassen. Trotz der Vielfalt der Thematik ist zweifelsohne die einheitliche Methodik, theoretische Basis und Leitung dieser Arbeiten erkennbar, so daß das Büchlein durchaus als ein in sich geschlossenes Werk betrachtet werden kann. Auf der Basis einer formalen Aufgabenstellung der Suche mineralischer Rohstoffe und spezieller abstrakter Axiome wird die Schaffung einer abstrakten Theorie der Suche in Angriff genommen. Unter anderem werden dabei folgende Probleme behandelt: Bewertung der Tätigkeit geologischer Erkundungsorganisationen; spezielle Fälle der allgemeinen Theorie der Rayonierung (sogen. F-Rayonierung); Konstruktion spezifischer Such- und Erkundungsschematas; Klassifizierung und Strukturierung geologischer Objekte (Mengen) im Sinne einer Anordnung bzw. Gruppierung zu sogenannten Ensembles; Anwendung numerischer Funktionen zur zweckmäßigen Kodierung diskreter geologischer Daten; Stellung und Bewertung geophysikalischer Daten im Prozeß der geologischen Suche; Schaffung und theoretische Begründung von automatisierten Systemen der Datenverarbeitung in der Geologie; Festlegung formalisierter geologischer Begriffe und Ausarbeitung geologischer Thesauri.
Ohne die aufgezählten Fragenkomplexe näher zu behandeln, kann allgemeingültig festgestellt werden, daß diese Probleme durchaus aktuell sind und einer Lösung bedürfen. Der eingeschlagene Nowosibirsker Weg ist dabei eine Möglichkeit. Eine Untersuchung der Anwendbarkeit der Methodik zur Lösung spezieller geologischer Aufgaben sowie deren Weiterentwicklung ist lohnenswert, weshalb auch die Beschäftigung mit diesem Sammelband für einen Kreis interessierter Geologen oder Mitarbeiter der EDV in der Geologie unbedingt empfehlenswert ist.
Nachteilig für das Studium dieses Werkes wirkt sich die Tatsache aus, daß weitestgehend auf eine Erläuterung der Methodik an praktischen geologischen Beispielen verzichtet wird. Darüber hinaus bauen einige Arbeiten auf früheren Veröffentlichungen dieses Kollektivs auf.

P. Straach

Goldberg, W. M.

Hydrogeologische Prognosen der Grundwasserqualität von Wasserfassungen

Moskau: Nedra 1976. 152 S., 33 Abb., 13 Tab., 85 Lit., Rbl. 0,84

Der Autor widmet sich in der Arbeit einem Problem, das bei der verstärkten Nutzung der Grundwasserressourcen immer mehr in den Vordergrund rückt, der Gefährdung von Wasserfassungen durch Salzwasserimmigrationen. Ausgehend von der Erkenntnis, daß die Ausbreitung einer Salzwasserfront mit Hilfe eines „Piston-flow-Modells" beschrieben werden kann, wird in der Arbeit die Struktur der sich ausbreitenden Salzwasserfronten untersucht sowie eine prognostische Betrachtung der Veränderung des Grundwasserchemismus in Wasserfassungen in Zeit und Qualität in Abhängigkeit von den Grundwasserleiterverhältnissen (Randbedingungen) vorgenommen.
Im abschließenden Kap. unterbreitet der Autor erste methodische Hinweise für die hydrogeologische Erkundung und Erschließung in salzwassergefährdeten Gebieten. Das Buch ist vorrangig für Erkundungsgeologen und für Wasserwirtschaftler geeignet, liefert jedoch auch interessante Erkenntnisse für theoretische Untersuchungen zum Strömungsgeschehen von Lösungen unterschiedlicher Dichte.

H. J. Voigt

Habenicht, H.

Anker und Ankerungen zur Stabilisierung des Gebirges

New York: Springer-Verlag Wien 1976. 194 S., 109 Abb., DM 85,—

Die Felsankerung ist aus dem Bergbau, dem Tunnelbau sowie aus anderen Bereichen des Bauwesens nicht mehr wegzudenken. Das von Habenicht 1976 veröffentlichte Werk zur Ankertechnik wird sicher bei vielen Fachleuten große Beachtung finden, da die veröffentlichte Literatur hierzu nicht so umfangreich ist.
Der Inhalt des Buchs gliedert sich in fünf Hauptkapitel. Nach der Einleitung werden im Kap. II Aufbau und Wirkungsweise von Gebirgsankern behandelt; daran schließen sich Ausführungen zur Wirkung und Auslegung von Ankerungen an. Eine besondere Bedeutung kommt dem Kap. IV zu. Hier werden Anwendungsbeispiele aus der Praxis ausführlich behandelt.
So werden die Probleme der Ankertechnik sowohl in Beispielen aus dem Talsperrenbau, den Felssicherungen in Tagebauen, an Tunnelbauten, an Böschungen von Verkehrswegen, Firstverankerungen in Grubenbauen und Kraftwerkskavernen instruktiv erläutert.
Eine Zusammenstellung aller für die Ankertechnik gültigen Normen in der BRD bildete den Abschluß dieses Buchs, das auf Grund seines Aufbaus sowohl für den Spezialisten auf dem Gebiet der Felsankerung als auch für den Bergmann, Bauingenieur, Geologen oder Geotechniker sowie für Fachleute aus anderen Wissenszweigen, die mit diesen Problemen in Berührung kommen, eine wertvolle Wissensquelle darstellt.
Mit 115 Literaturangaben enthält das Werk weitere Hinweise auf wichtige Arbeiten für dieses Spezialgebiet.

G. Bachmann

Bonnefille, R.

Les réalisations d'Electricité de France concernant l'énergie marémotrice

Paris: „La Houille blanche", Heft 2, 1976. 63 S., 41 Abb., zahlr. Tab. und graph. Darst., F 40,—

Die „Société Hydrotechnique de France" gibt eine neue Zeitschrift unter dem Titel „La Houille blanche" (Die weiße Kohle) heraus. Auf der Suche nach neuen Energiequellen mit zuverlässigem Kraftpotential und kostengünstigen Betriebsbedingungen gebührt den Gezeitenkraftwerken Beachtung. Deshalb sei hier auf diese Zeitschrift aufmerksam gemacht. Im vorliegenden Fall behandelt René Bonnefille, Direktor der „Etudes et Recherches Electricité de France" Kraftwerke dieser Art in Frankreich. Die Arbeit stellt eine Übersicht der von diesem Institut ausgeführten Studien dar. Sie gibt Erläuterungen der Fonstruktions- und Realisierungsprogramme auf dem Gebiet der Gezeitenkraftwerkstechnik, beispielsweise von La Rance, die auch für die Hydrogeologen und Hydrologen unserer Republik von Interesse sein dürften.

K. Kauter

Helmdach, F. F.

Leitfaden zur Bestimmung fossiler und rezenter Ostrakoden

Berlin, New York: Verlag Walter de Gruyter 1977. 264 S., 245 Abb., 6 Taf.

Das Buch ist „auf die Bedürfnisse von Studierenden der Geologie-Paläontologie ausgerichtet". Es soll dem Nicht-Spezialisten „die Bestimmung der in Europa am häufigsten auftretenden Ostrakodengattungen ermöglichen". Grundlage sind die dem

Paläontologen allein zugänglichen Hartteile. Ein kurzer Überblick über die Hauptelemente des Schalenbaues wird anhand übersichtlicher Zeichnungen gegeben, wobei die zentrale Narbengruppe und das Schloß entsprechend ihrer taxonomischen Bedeutung eine besondere Berücksichtigung erfahren.
In der taxonomischen Anordnung der Gattungen bevorzugt der Autor eine konservative Gliederung. Eine kurze Erörterung der Problematik der benutzten Gliederung würde ein kritisches Verständnis der Unterklasse fördern. Manche Einordnungen, wie z. B. die vorbehaltlose Zuweisung der Eridoconchinae zu den Ostracoda, die Einordnung der Alanellidae bei den Beyrichiida und die (mit Fragezeichen erfolgte) Zuweisung von Monoceratina zu den Kloedenellidae sind ungewöhnlich und kaum mit den derzeit vorliegenden Daten vereinbar.
Bei der Gattungsauswahl wurden die posttriassischen Ostracoden recht gut erfaßt. Keinerlei Berücksichtigung fanden jedoch die umfangreichen Funde verkieselter paläozoischer Ostracoden, die Ostracoden des Backsteinkalks sowie die jetzt in reicher Formenfülle bekannten triassischen Ostracoden Europas.
Die Angaben zu den Gattungen folgen einem gleichbleibenden Schema. Sie sind relativ kurz, aber klar, übersichtlich angeordnet und berücksichtigen in ausreichendem Maße die Merkmale der äußeren Hartteilmorphologie und des Innenbaus. In Verbindung mit den instruktiven Zeichnungen ermöglichen sie eine Bestimmung zumindest der angesprochenen Gattungsgruppen. Die Ausstattung des Buchs ist gut. Es ist zu bedauern, daß der reichlich zur Verfügung stehende Druckraum nicht besser genutzt wurde, um durch eine größere Gattungszahl die Formenvielfalt breiter zu dokumentieren. Im knappen Literaturverzeichnis fehlt die gesamte neuere Literatur über paläozoische und triassische Ostracoden Mitteleuropas. Auch für stratigraphisch jüngere Bereiche fehlen neuere Arbeiten.
Für den einleitende angesprochenen Personenkreis ist der „Leitfaden" sicher eine Orientierungshilfe.

J. GRÜNDE

Informationen

Sowjetunion hilft Entwicklungsländern

Die Sowjetunion ist am Bau, an der Modernisierung und an der Erweiterung von ungefähr 1000 Objekten in Entwicklungsländern beteiligt. Sie fördert dabei insbesondere die Schlüsselzweige der nationalen Wirtschaft der entsprechenden Länder. Bis zum 1. Januar 1976 kamen u. a. Objekte mit folgenden Kapazitäten zum Abschluß:

14,0 Mill. t Eisenerz,
53,1 Mill. t Erdöl
19,1 Mill. t Erdölprodukte
20,8 Mill. t Kohle
2,5 Mill. t Bauxit
770000 t Tonerde und
344000 t Aluminium

Algeriens Erdölindustrie

Unter den nichtsozialistischen Ländern nimmt Algerien hinsichtlich der Förderung an Erdöl den 12. Platz ein; sein Anteil an der Welterdölförderung beträgt 2%. Das algerische Erdöl erlangte seine Bedeutung durch eine gute Qualität und die günstige geographische Lage des Landes. Die nachgewiesenen Vorräte werden auf 1 bis 1,7 Mrd. t geschätzt. Das Erdöl wird aus 50 Lagerstätten gefördert. Bei Hassi Messaoud, Zarzaitine sowie Tiu Fouyé produziert man 85% des algerischen Öls. Von Beginn der Förderung (1965) bis 1976 sind folgende Produktionsziffern bekannt (in Mill. t):

1965	1973	1975	1976
26,0	50,8	45,8	50,1

Nach einer Einschätzung der staatlichen Erdölgesellschaft wächst die Förderung bis 1980 auf 51,5 Mill. t an.

Algeriens Erdgasindustrie

Die erkundeten Erdgasvorräte Algeriens betragen 3 Trill. m³, das sind etwa 4 % der Gesamtvorräte des nichtsozialistischen Wirtschaftsbereichs; die Gesamtvorräte werden auf 7,1 Trill. m³ geschätzt.
Das bedeutenste Vorkommen an Erdgas ist in Algerien das von Hassi R'Mel, das 1956 entdeckt wurde. Das hier gewonnene Gas setzt sich folgendermaßen zusammen:

Methan (83,5%), Äthan (7,0%), Stickstoff (5,79%), Propan (2,1%), Butan (1,4%) und Kohlendioxid (0,21%).

Über die Förderung von Erdgas für 1970 bis 1975 gibt die folgende Tabelle Auskunft.

Förderung von Erdgas

	1970 in Mrd. m³	1971	1973	1974	1975
Förderung insges.	15,4	12,9	20,7	19,9	20,1
Erdgas allein	4,9	4,7	7,7	7,8	9,3

Kohleförderung und -vorräte in der Welt

Durch die Verteuerung des Rohöls gewinnt die Kohle, insbesondere die Braunkohle, wieder an Bedeutung. Die Kohle hat an allen fossilen Brennstoffen in der Welt einen Anteil von 76%. Davon entfallen auf die Braunkohlenreserven 2625 Mrd. t, das sind 12%.
Braunkohle bildet im nichtsozialistischen Wirtschaftsgebiet, vor allem in Australien, der Türkei, Spanien, Griechenland und Indien, einen wichtigen Energieträger. Aus diesen Ländern sind folgende Vorrats- und Produktionszahlen bekannt:

	Vorräte (Mrd. t)	Braunkohlenförderung (1976: Mill. t)
Australien	125,0	30,0
Türkei	5,6	10,0
Spanien	—	4,1
Griechenland	2,0	22,0
Indien	2,1	2,8 (1975)

Ausbreitung der Wüsten

Eine in Nairobi durchgeführte UN-Konferenz über Desertifikation kam zu dem Ergebnis, daß gegenwärtig mehr als ein Drittel der festen Erdoberfläche Wüsten, Steppen, Tundren und Heideland sind und daß sich die Wüsten jährlich um mindestens 50000 km² ausdehnen. So hat sich z. B. die Sahara in den letzten 50 Jahren um 1 Mill. km² erweitert. Die Ursachen für die Desertifikation sind klimatischer Natur bzw. liegen in den Folgen kapitalistischer Mißwirtschaft (Monokultur, Raubbau an Wäldern, erhöhter Wasserverbrauch usw.). Die Folgen sind rückläufige biologische Produktivität, Verarmung der Flora und Fauna, Weideverschlechterungen, Ernterückgänge und Erosionen. Um derartigen Entwicklungsprozessen entgegenzuwirken, ist es nötig, in den betreffenden Ländern sozialökonomische Veränderungen vorzunehmen, die die Basis für solche Maßnahmen wie Urbarmachung von Wüsten durch verbesserten planmäßigen Wasserhaushalt, Grundwassererschließung, Anpflanzen von Bäumen usw. sind.

Studie über Energieträger

Eine Studie des Internationalen Instituts für Angewandte Systemanalyse in Laxenburg (Österreich) veröffentlicht interessante Angaben über den zyklischen Bedarf an Energieträgern. Es wird u. a. erwähnt, daß Holz, im vorigen Jahrhundert der wichtigste Energieträger, heute als solcher kaum noch eine

Rolle spielt. Die Kohle hat bereits zwischen 1920 und 1930 ihren Höhepunkt überschritten. Ende der sechziger Jahre erreichte das Erdöl seine größte Bedeutung. Es kommt in der Studie zum Ausdruck, daß der direkte Nachfolger des Erdöls nicht die Kernenergie, sondern das Erdgas ist. Seinen höchsten Marktanteil dürfte das Erdgas um das Jahr 2030 überschreiten. In rund hundert Jahren werden Erdgas und Kernenergie ungefähr einen gleichen Anteil als Energiespender haben. In der zweiten Hälfte des nächsten Jahrhunderts werden die Sonnen-, Windenergie und Kernfusion wachsende Bedeutung erlangen.

Internationale Meeresforschung

Sowjetische, japanische und amerikanische Ozeanologen haben gemeinsam mit der Erforschung des Meeresbodens vor der Küste Japans begonnen. Von Bord des US-amerikanischen Forschungsschiffes ‚Glomar Challenger' aus werden im japanischen Tiefseegraben mehrere Bohrungen niedergebracht. Es sollen dadurch die Bedingungen untersucht werden, die zur Bildung dieser Senke führten. Auch erhofft man Aufklärung über die Ursachen der zahlreichen Vulkanausbrüche und der Erdbeben in diesem Gebiet.

Kurznachrichten

Am Ende des derzeitigen Fünfjahrplans wird das Feld **Tjumen (UdSSR)** 300 bis 310 Mill. t **Erdöl** und bis 1980 115 bis 145 Mrd. m^3 **Erdgas** liefern (1977 = 66 Mrd. m^3). Das neue Feld Surgut, am Ob, wird in die Produktion einbezogen. Die Kohlenwasserstoffe lagern in Teufen zwischen 2000 und 2200 m.

Die **Steinkohlenvorräte** im Kusnezker Becken **(UdSSR)** werden mit 900 Mrd. t geschätzt, eine Menge, die ausreicht, den Bedarf der UdSSR für 200 Jahre zu decken. Bei Kansk-Atschinsk lagern Braunkohlenvorräte von 1200 Mrd. t. Für die Energiewirtschaft der UdSSR ist Kohle von großer Bedeutung.

Die Gesamtvorräte der **SFR Jugoslawien** an **Braunkohle** belaufen sich auf 20 Mrd. t. Der gröte Teil dieses Rohstoffs wird zur Energieerzeugung verwandt. 1975 betrug der Anteil 50%. Gefördert wurden 38 Mill. t. Bis 1980 ist eine Steigerung auf 84 Mill. t vorgesehen.

Im **Petschora-Kohlebecken (UdSSR)** lagern Steinkohlevorräte von hoher Qualität und in günstigen Teufen von 10 Mrd. t. Bis 1980 sollen 31 Mill. t/a gefördert werden können. Bei dem gegenwärtigen Gewinnungstempo reichen die Kohlenmengen über 100 Jahre aus.

Nach eingehenden geologischen Vorarbeiten konnte in der **ČSSR**, zwischen Huilec und Betlisr und bei Dlha eine bedeutende **Quarz-Kassiterit-Vererzung** mit durchschnittlich 2,27% Sn aufgefunden werden. Die Vererzung tritt in Graniten auf, in denen außerdem noch eine Zinn-Wolfram-Vererzung vermutet wird.

Im Balkangebirge, bei der **bulgarischen** Stadt Slatica, sind **Kupfererzlagerstätten** gefunden worden. Die Vorräte an Erz sollen sich auf 1 Mill. t belaufen. Mit dem Beginn des Abbaus wird für Ende 1979 gerechnet. Bei der Erschließung der Lagerstätte leistet die Sowjetunion brüderliche Hilfe.

Die **Erzvorräte** im Golden-Grove-Lager, **Australien**, werden gegenwärtig mit 13,5 Mill. t Kupfererz mit einem Gehalt von 3,69% Cu angegeben. Weitere 2 Mill. t Erz mit niedrigeren Gehalten sollen in die Produktion einbezogen werden.

Perú hat im Jahr 1976 durch die Ausfuhr von **Bergbauprodukten** 1,281 Mrd. Dollar eingenommen. Diese Summe macht 51% des Gesamt-Exporterlöses des Landes aus. Während dabei die Ausfuhr von Kupfer und Blei erhöht werden konnte, ging die von Silber und Zink zurück.

Kamerun beginnt, seine z. T. bedeutenden **Rohstoffe** an Bauxit (1 Mrd. t Vorrat), Kalk, Marmor, Kupfer- und Manganerz auszubeuten. Uranerz findet sich in der Nähe von Pouli. Im Kontinentalschelf werden Lagerstätten mit 100000 t Erdöl erwartet. In geringen Mengen wird Gold gewonnen.

In den **USA** ist ein Versuch, **Wärmeenergie** aus vulkanisch aufgeheizten Gesteinen zu gewinnen, erfolgreich abgelaufen. In Los Alamos wurde in zwei 3000 m tiefe Bohrungen in aufgeheiztem Granit Wasser eingeleitet, das danach mit 130 °C wieder zutage kam. Nur 8% des Wassers sind dabei verlorengegangen.

Bezugsmöglichkeiten der „Zeitschrift für angewandte Geologie"

Bestellungen sind zu richten

- **in der DDR** an den Postzeitungsvertrieb; an eine Buchhandlung oder an den Akademie-Verlag, DDR - 108 Berlin, Leipziger Straße 3–4
- **im sozialistischen Ausland** an eine Buchhandlung für fremdsprachige Literatur oder an den zuständigen Postzeitungsvertrieb
- **in der BRD und Westberlin** an eine Buchhandlung oder an die Auslieferungsstelle KUNST und WISSEN, Erich Bieber, 7 Stuttgart, Wilhelmstraße 4–6
- **in Österreich** an den Globus-Buchvertrieb, 1201 Wien, Höchstädtplatz 3
- **im übrigen Ausland** an den Internationalen Buch- und Zeitschriftenhandel; den Buchexport, Volkseigener Außenhandelsbetrieb der Deutschen Demokratischen Republik. DDR - 701 Leipzig, Postfach 160, oder an den Akademie-Verlag, DDR - 108 Berlin, Leipziger Straße 3–4.

„Zeitschrift für angewandte Geologie"

Herausgeber: Prof. Dr. Karl Schmidt, Direktor des Zentralen Geologischen Instituts, Berlin, im Auftrage des Ministeriums für Geologie der Deutschen Demokratischen Republik.

Chefredakteur: Dr. Kurt Kauter, Zentrales Geologisches Institut, Berlin.

Anschrift der Redaktion: DDR - 1054 Berlin, Kastanienallee 69 (Fernruf 2824293/2824593).

Verlag: Akademie-Verlag, DDR - 108 Berlin, Leipziger Straße 3–4; Fernruf: 2236221 oder 2236229; Telex-Nr. 114420; Postscheckkonto: Berlin 35021.

Bank: Staatsbank der DDR, Berlin, Kto.-Nr. 6836-36-20712.

Veröffentlicht unter der Lizenznummer 1279 des Presseamtes beim Vorsitzenden des Ministerrates der Deutschen Demokratischen Republik.

Gesamtherstellung: VEB Druckhaus „Maxim Gorki", DDR - 74 Altenburg.

Erscheinungsweise: Die Zeitschrift erscheint monatlich. Die 12 Hefte eines Jahres bilden einen Band. Bezugspreis je Band 144,– M zuzüglich Versandspesen (Preis für die DDR 24,– M). Bezugspreis je Heft 12,– M (Preis für die DDR 2,– M).

Bestellnummer dieses Heftes: 1047/24/2.

Alleinige Anzeigenannahme DEWAG-Werbung, DDR - 1054 Berlin, Wilhelm-Pieck-Str. 49, und alle DEWAG-Betriebe und Zweigstellen der Bezirke der DDR.

AN (EDV) 32138

Zeitschrift für angewandte Geologie 2/78

Herausgegeben vom Zentralen Geologischen Institut Berlin im Auftrag des Ministeriums für Geologie der Deutschen Demokratischen Republik
Verlag: Akademie-Verlag, 107 Berlin, Leipziger Straße 3–4

Панов, Б. С.

К минерогении областей автономной активизации — показано на примере Донецкого бассейна

Z. angew. Geol., Берлин, 24 (1978) 2 стр. 57–67, 3 илл., 1 табл., 28 лит.

Донецкий бассейн отличается, как все области с автономной активизацией земной коры, геолого-структурными, геофизическими и другими особенностями. Среднего девона через конец мезозоя до кайнозоя можно выделить три тектоническо-магматические этапы, в которые поставляется рудный генезис обсужденного района. В верхнепалеозойско-мезозойское время воснийкли ртутевая, сурьмяно-ртутевая, флюоритовая и полиметаллическая формации. Полученные из геологических, минералогенических и изотопных исследований данные указывают на полигенное и полигонное возникновение рудной минерализации.

Ферстер, В.; Хэне, Р. и др.

К необходимости комплексных геологических предварительных работах для разработки глинистых месторождений

Z. angew. Geol., Берлин, 24 (1978) 2, стр. 67–74, 7 илл., 1 табл., 5 лит.

Разработка месторождений рыхлых пород может привести при недостаточных наблюдениях гидрогеологических и почвенномеханических отношений к разнообразным осложнениям. Не допустимые потери разработки или отказ имеющих сырьевых запасов часто являются непосредственной последовательностью. На примере глинистого месторождения показываются вид и объем гидрогеологической и почвенномеханической разведки как и комплексная обработка всех имеющихся геологических, гидрогеологических и почвенно-механических данных и параметров. Эти исследования позволяют уже в ранней стадии подготовки разработки выводы об ожидаемых горно-технических проблемах.

Хэне, Р.; Рашер, Й.

Новые данные при добыче и гидрохимической характеристике остаточных вод

Z. angew. Geol., Берлин, 24 (1978) 2 стр., 74–78, 3 илл., 4 табл., 17 лит.

Как вклад для реконструкции генезиса остаточных вод и как продолжение прежних работ передаются сперва опыты при добыче таких вод из мало проницаемых кайнозойских пород. Определение химизма остаточных вод при помощи метода овлажнения по Крюкову и др. критически проверяется. Широкое пространство принимает сперва технически только трудно реализируемые исследования по размещению изотопов и по содержанию благородных газов в таких водах. Первые анализы $\delta^{18}O$ и выясненный физический возраст по методу He-Ar указывают на вторичное атмосферное влияние первоначально морских остаточных вод рупельской глины.

Волколаков, Ф. К.; Поливко, И. А.; Агалцова, Е. Н.; Яковлева, В. И.

Геологическое строение и нефте-газоносность в акваторной части Балтийского синеклиза

(Реферат: Г. Катцунг)

Z. angew. Geol., Берлин, 24 (1978) 2, стр. 78–80.

Максимов, С. П.

Исследование рассеянного органического вещества для определения масштабов образования нефти и газа

Z. angew. Geol., Берлин, 24 (1978) 2, стр. 81–84, 6 лит.

Обсуждаются вопросы литологическо-геохимических, химических, изотопных и других исследований рассеянного в породах органического вещества (РОВ) и жидких как и газообразных углеводородов. Решающее влияние на концентрацию и состав фракций РОВ как и на степень сохранения имеет стадия осадконаконления и раннодиагенетическая стадия. Рассмотренные стадии литогенеза определяют размещение толщ нефте-газо-материнских пород в отложениях и имеют решающее влияние на образование, типы и объем углеводородов. При помощи модифицированного материально-балансового метода вычисляются масштабы эмиграционных процессов в верхних 5 км неметаморфизованных осадочных покровных гор.

Тиргэртнер, Х.

Вещественная классификвция и выблокировка сырьяв проявлениях известняка

Z. angew. Geol., Берлин, 24 (1978) 2, стр. 84–90, 9 илл., 6 табл., 7 лит.

Предпологается математически поддерживанный метод вещественной классификации и выблокировки сырья в проявлениях известняка и представляется на основе гипотетического примера. По результату его применения разлагается проявление известняка на блоки определенного вещественного свойства и различной геометрии. Границы блоков определяются по всем включенным в исследование параметрам. Метод получает эффективность преимущественно там, где нужно однов ременно учитывать некоторые или многие параметры и где анализ отношений связывания показывал существование многокомпонентной системы с независимыми компонентами. Метод применяемый кроме для проявлений известняка для классификаций и выблокировок в любых породах на основе любых параметров.

Кэммель, Т.; Мюллер, Е. П. и др.

Являются ли $HgPb_2$ и (Hg, Pb), образованные из естественных сопутствующих компонентов газов месторождений Альтмарка, минералы?

Z. angew. Geol., Берлин, 24 (1978) 2, стр. 90–96, 4 илл., 5 табл., 37 лит.

На газовых месторождениях в ротлигендесе Альтмарка, газы которых ртутосодержащие, возможно было доказать во время добычи металлические отложения, содержащие свинец и ртуть, на подземных и надземных устройствах. Кромe благородной ртути и свинца установлено две амальгамы $HgPb_2$ и (Hg, Pb). Идентификация твердых свинцевых амальгамов из газовых месторождений Альтмарка происошла на основе сравнения решетчатых параметров с естественными a- и б- фазами системы Hg – Pb. Для свинцевой амальгамы $HgPb_2$ предлагается по месту ее паступления название „Альтмаркит". Генезис продуктов отложений изображается по модели. Наступление металлических настилов в газодобывающих устойствах функционально зависит от скорости течения, от условий P/T° и от уклонов концентрации жидких фаз.

Сейферт, А.

Методический вклад для исследования изотопов He-, Ne- и Ar- в грунтовых водах

Z. angew. Geol., Берлин, 24 (1978) 2, стр. 97–100, 6 табл., 15 лит.

Даются перспективы применяемости изотопного исследования благородных газов в гидрогеологии, обсуждаются геохимические аспекты размещения благородных газов в грунтовой воде и описываются возможность физического определения возраста на основе радиогенной аккумуляции благородных газов. Из выбранных примеров показывается методический ход исследования изотопов. Из полученных изотопногидрогеологических высказаний и из вычисленного модельного возраста возможно выводить указания о среде образования, о генезисе и о периоде происхождения сегедня имеющихся вод.

коллектив авторов

Радиоактивные элементы в породах

(Реферат: В. Бейер)

Z. angew. Geol., Берлин, 24 (1978) 2, стр., 101–103, 12 лит.

Крюгер, П.

Развитие ураново-рудовой продукции в Австралии

Z. angew. Geol., Берлин, 24 (1978) 2, стр. 103–105, 8 лит.

Новооткрытие и в последных годах систематически разведанные урановые месторождения Чебилука, Рэнчер, Нейберлек, и Конгюрра (Северная территория), Мари-Кэтлин (Маунт-Айза), Морин и Вест-Морелнд (Квинсленд), оз. Фром (Южняя Австралия) и Йилирри (Западная Австралия) поставили Австралию в найвысшую группу капиталистических урановых производителей. Запасы урановых руд составили в конце 1974 г. 184000 т руд категории 10 $/т, 105000 т руд категории от 10 до 15 $/т и 3,5 милл. т руд категории 30 $/т. Нужно ожидать дальнейшее возрастание урановых запасов и производства уранового концентрата в будующих годах.

In den nächsten Heften

der

Zeitschrift für angewandte Geologie

erscheinen u. a. folgende Beiträge

SOKOLOW, W. L.; SIMONENKO, W. F.: Die Evolution der Gasbildung bei der Inkohlung anhand experimenteller Daten

HÄHNE, R.; JORDAN, H.: Bemerkungen zur internationalen hydrogeologischen Terminologie

TICHOMIROW, W. W.: Zur Verwendung ausgewählter Erdgaskomponenten als geochemische Bezugsgrößen

KLEMM, W.: Zur Chloridbestimmung in Wässern mit ionensensitiven Elektroden für hydrogeochemische Untersuchungen

LUX, K.-N.: Ein vorläufiges Meßprogramm für die Untersuchung von Brunnen mit geophysikalischen Bohrlochmeßverfahren

MAGALOWSKI, G.: Über die Prinzipien der Erarbeitung sowjetischer Kohlenlagerstättenklassifikationen

BLANKENBURG, H.-J.; RÖSLER, H.-J.: SiO_2-Mobilisation und Quarzbildung beim Kaolinisierungsprozeß

POPOW, W. E.: Die vulkanogen-sedimentären Lagerstätten des Präkambriums und ihre Prognostizierung

MAAS, I.; WAND, U.; KAEMMEL, T.: Die Kohlenstoff-Isotopenzusammensetzung hochinkohlter organischer Substanzen — ein Kriterium für Charakterisierung ihrer Primärsubstanzen

HÄFNER, F.; KAMMEL, D.; POHL, P.: Der Einsatz mathematischer Modelle zur indirekten Erkundung von Grundwasserleitern — ein Mittel zur Rationalisierung hydrogeologischer Arbeiten

MOHNKE, M.; HÖFLING, R.: Anreicherung von Edelgasen in Gasgemischen zur Messung geringer Konzentrationen

BAUMANN, L.; TISCHENDORF, G.: Zur Metallogenie des Zinns im Erzgebirge

KRETZSCHMAR, H.-J.: Numerische Simulation der radialsymmetrischen Gasströmung an einer Bohrung

EISSMANN, L.: Mollisoldiapirismus

JUBITZ, K.-B.: Probleme der Entwicklung und des Baues der Varisziden in Mitteleuropa und im Gebiet der UdSSR

Neuerscheinungen und Literaturhinweise

ABDULIN, A. A.; BAJDILDIN, E. A. u. a.

Die Metallogenie des Mugodshary-Gebirges (russ.)

Alma-Ata: Verlag Nauka Kas. SSR 1976. 279 S., 59 Abb., 3 Tab., 349 Lit.

BRINKMANN, R.

Geology of Turkey

Stuttgart: F. Enke Verlag 1976. 158 S., 68 S., 23. S. Lit.

DOBREZOW, W. B.

Hydrophysikalische Methoden des Abbaus von Schelfseifen (russ.)

Leningrad: Verlag leningr. Univ. 1976. 98 S., 35 Abb., 1 Schem., 14 Tab., 37 Lit.

ILIN, A. W.

Die Geomorphologie des Bodens des Atlantischen Ozeans (russ.)

Moskau: Verlag Nauka 1976. 230 S., 81 Abb., 1 Kt., 81 Abb., 5 Tab., 576 Lit.

KALUGIN, I. A.

Metamorphismus und Metasomatose der Eisenerze der Cholsunsker Lagerstätte im Altai (russ.)

Nowosibirsk: Verlag Nauka 1976. 100 S., 37 Abb., 30 Tab., 3 S. Lit. (Tr. Inst. Geol. i Geofis. AN SSSR, sib. Ausg., Bd. 292)

KUTSCHERUK, A. D.

Der Karst von Podolien (russ.)

Kiew: Verlag Dumka 1976. 196 S., 27 Abb., 9 S. Lit.

LEONOW, JU. G.

Die tektonische Natur der devonischen Orogenese (russ.)

Moskau: Verlag Nedra 1976. 192 S., 43 Abb., 4 Tab., 161 Lit.

MOROZOW, JU. T.

Das Niederbringen von gerichteten und gefächerten Bohrungen kleinen Durchmessers (russ.)

Leningrad: Verlag Nedra 1976. 214 S., 66 Lit.

PERTSCHUK, L. L.

Paragenesen und chemische Analysen der koexistierenden Minerale (russ.)

Moskau: Verlag Nauka 1976. 199 S., 4 S. Lit.

SENTSCHENKO, G. S.

Die Faltungsstrukturen des Südurals (russ.)

Moskau: Verlag Nauka 1976. 170 S., 41 Abb., 4 Tab., 321 Lit.

SIMKIN, B. A.; SCHKUTA, JU. K.

Analytische Modellierung der Lagerstätten und ihres Abbaus im Tagebau (russ.)

Moskau: Verlag Nauka 1976. 151 S., 34 Abb., 1 Tab., 163 Lit.

WOTACH, O. A.

Die Strukturelemente der Erde (russ.)

Nowosibirsk: Verlag Nauka 1976. 190 S., 47 Abb., 6 Tab., 13 S. Lit. (Tr. Inst. Geol. i Geofis. AN SSSR. sib. Ausg., Bd. 266)

SHARKOWA, T. M.

Die Gesteinstypen der kambrischen salzführenden Formation der Sibirischen Tafel (russ.)

Nowosibirsk: Verlag Nauka 1976. 301 S., 12 Abb., 53 Tab., 30 Taf., 8 S. Lit. (Tr. Inst. Geol., i Geofis. AN SSSR, sib. Ausg., Bd. 262a)